剪映

视频剪辑 调色 字幕 配音 特效

从入门到精通 手机版+电脑版+网页版

新镜界 ◎ 编著

中国水利水电出版社
www.waterpub.com.cn
·北京·

内 容 提 要

在数字媒体时代，视频内容的创作与分享已成为人们生活中的重要需求。本书正是为了满足这一需求而编写的，不仅介绍了剪映的基本操作和编辑技巧，更重点突出了剪映 AI 功能的创新应用。本书详细讲解了如何利用 AI 技术一键生成文案、图片、视频，智能调整色彩，自动识别字幕，以及制作动感音效和卡点特效，让视频编辑变得更加轻松和高效。

本书通过 57 个实例、161 分钟的教学视频、180 多个素材效果赠送，引导读者学习如何使用剪映的 AI 功能，包括智能文案生成、AI 绘画和视频创作、色彩艺术的 AI 调色、字幕的 AI 识别与包装，以及音效的 AI 处理等，从而快速提升视频的专业感和吸引力。此外，书中还涵盖了手机版的智能调色、字幕编辑，电脑版的合成特效、电影级调色与氛围感打造，以及如何制作具有高级感的爆款文字效果。

除此之外，本书还加入了 DeepSeek 手机版的应用，在最后一章将 DeepSeek、即梦 AI、剪映相结合，实现了以文生图、以图生视频的创意表达，满足读者的多样化需求。

本书适合所有希望在短视频领域脱颖而出的内容创作者，无论读者是视频编辑新手，还是寻求通过 AI 技术提升创作效率的有基础的用户，都能在本书中找到相关资源。通过学习本书，读者能够掌握一系列高效的视频编辑技巧，从而在竞争激烈的内容市场中脱颖而出。

图书在版编目（CIP）数据

剪映视频剪辑 / 调色 / 字幕 / 配音 / 特效从入门到精通：手机版 + 电脑版 + 网页版 / 新镜界编著 . -- 北京：中国水利水电出版社 , 2025.6. -- ISBN 978-7-5226-3171-4

Ⅰ . TN94

中国国家版本馆 CIP 数据核字第 2025RM8406 号

书　　名	剪映视频剪辑 / 调色 / 字幕 / 配音 / 特效从入门到精通（手机版 + 电脑版 + 网页版） JIANYING SHIPIN JIANJI TIAOSE ZIMU PEIYIN TEXIAO CONG RUMEN DAO JINGTONG （SHOUJIBAN + DIANNAOBAN + WANGYEBAN）
作　　者	新镜界　编著
出版发行	中国水利水电出版社 （北京市海淀区玉渊潭南路 1 号 D 座　100038） 网址：www.waterpub.com.cn E-mail：zhiboshangshu@163.com 电话：（010）62572966-2205/2266/2201（营销中心）
经　　售	北京科水图书销售有限公司 电话：（010）68545874、63202643 全国各地新华书店和相关出版物销售网点
排　　版	北京智博尚书文化传媒有限公司
印　　刷	河北文福旺印刷有限公司
规　　格	170mm×240mm　16 开本　14.5 印张　268 千字
版　　次	2025 年 6 月第 1 版　2025 年 6 月第 1 次印刷
印　　数	0001—4000 册
定　　价	59.80 元

凡购买我社图书，如有缺页、倒页、脱页的，本社营销中心负责调换

版权所有·侵权必究

前　言

■ 写作驱动

在数字化时代，视频已成为我们表达自我、记录生活、传递信息的重要方式。随着科技的飞速发展，尤其是人工智能（Artificial Intelligence, AI）技术的融入，视频剪辑已不再是一项需要深厚技术功底的专业技能，而是一种人人可及的创意表达手段。

本书正是在这样的背景下应运而生的，旨在帮助广大视频爱好者和创作者充分利用剪映这一平台的强大 AI 功能，实现从视频剪辑新手到高手的华丽转变。

剪映，作为抖音官方出品的视频后期剪辑软件，不仅提供了手机版、电脑版，还有即梦网页版（后文称"即梦 AI"），覆盖了不同用户的需求。它以海量素材库、简洁直观的操作界面、强大的剪辑功能，以及不断创新的 AI 技术，赢得了全球用户的青睐。剪映的 AI 功能，如智能剪辑、自动调色、AI 识别字幕、一键生成视频等，极大地简化了视频制作流程，让创意得以快速实现。

本书将重点介绍剪映的 AI 功能，从基础的剪辑技巧到高级的特效制作，从色彩调整到音效处理，每个环节都融入了 AI 的智能力量。通过本书，可以学习如何利用 AI 技术一键生成精美的视频文案、图片和视频，如何通过 AI 调色功能快速匹配和调整视频色彩，以及如何使用 AI 识别字幕功能自动生成精准的字幕，从而让视频内容更加专业和具有吸引力。

除此之外，本书还融入了 DeepSeek 这一款强大的语言模型应用，将其与即梦 AI 和剪映相结合，帮助读者打造多样化的视觉创意。

■ 本书特色

1. 配套视频讲解，手把手教您学习

本书配备了 57 个实例同步教学视频，可以边学边看，如同老师在身边手把手教学，让学习更轻松、更高效！

2. 扫一扫二维码，随时随地看视频

本书每个实例处都有二维码，使用手机微信扫一扫，可以随时随地在手机上观

看效果视频和教学视频。

3. 本书内容全面，短期内快速上手

剪映功能强大，本书体系完整，几乎涵盖了手机版、电脑版和即梦 AI 版剪映中的所有常用功能和工具，采用"知识点介绍 + 实例"的模式编写，让读者不必耗心费力地学习，就能快速上手。

4. 实例非常丰富，强化动手能力

本书每章都安排了相关知识点，有助于读者巩固知识，了解要学习的功能和技巧；"实例"便于读者动手操作，在模仿中学习，熟悉实战流程，为将来的剪辑工作奠定基础。

5. 提供案例素材，配套资源完善

为了方便读者对本书实例的学习，特别提供了与实例相配套的素材源文件，帮助读者掌握本书中精美实例的创作思路和制作方法。

6. 实例效果精美，提升审美能力

无论是剪映手机版、电脑版还是即梦 AI，都只是用于剪辑的工具，创作一个好的作品要有美的意识。本书实例效果精美，可以熏陶和培养读者的美感，提升审美能力。

7. AI 工具加盟，提升创意能力

本书引入一款强大的 AI 写文案工具——DeepSeek，利用它生成创意提示词，指导剪映生成图片，同时将其与即梦 AI 和剪映结合，打造独特的视觉效果。

版本说明

本书涉及的软件的版本：剪映手机版为 14.6.0 版、剪映电脑版为 6.3.0 版、DeepSeek 手机版为 1.1.1（57）版、即梦 AI 手机版为 1.4.2 版。

虽然作者在编写本书的过程中，是根据界面截取的实际操作图片，但书从编辑到出版需要一段时间，在此期间，这些工具的功能和界面可能会有变动。因此请读者在阅读时，根据书中的思路举一反三进行学习。

需要说明的是，即使是相同的提示词和素材，软件每次生成的效果也会有所差别。这是软件基于算法与算力得出的新结果，是正常的，所以读者看到书中的效果与视频有所区别，包括读者用同样的提示词进行实操时，得到的效果也会有差异。

资源获取

读者使用手机微信扫一扫下方右侧的公众号二维码，关注后输入 JY31714 至公众号后台，即可获取本书相应资源的下载链接。将该链接复制到计算机浏览器的地址栏中（一定要复制到计算机浏览器的地址栏中），根据提示进行下载。

读者可扫描右侧的交流圈二维码加入交流圈，在线交流学习。

设计指北公众号

交流圈

关于作者

本书由新镜界编著，同时参与编写工作的人员还有吴梦梦等人。提供视频素材和拍摄帮助的人员还有邓陆英、向小红、苏苏、燕羽等，在此表示感谢。

由于作者知识水平有限，书中难免有疏漏之处，恳请广大读者批评、指正。

作　者

目　录

剪映手机版

第1章　基础入门：剪映剪辑快速上手 002

- 1.1　剪映界面：快速认识后期剪辑 003
- 1.2　导入素材：增加视频的丰富度 005
- 1.3　缩放轨道：方便视频精细剪辑 007
- 1.4　实例："变速"功能，蒙太奇变速的效果 008
- 1.5　实例："定格"功能，制作拍照定格效果 012
- 1.6　实例：磨皮瘦脸，打造人物精致容颜 016
- 1.7　实例：智能抠像，使用AI合成视频 017
- 1.8　实例：一键成片，挑选模板AI生成 019
- 1.9　实例：智能裁剪，AI改变视频比例 022

第2章　一键生成：AI文案、图片、视频 025

- 2.1　实例：使用"智能文案"功能生成文案 026
- 2.2　实例：智能生成美食教程文案 028
- 2.3　实例：使用"AI作图"功能进行创作 029
- 2.4　实例：使用"AI特效"功能进行创作 030
- 2.5　实例：使用AI制作图片静态效果 033
- 2.6　实例：使用AI制作图片动态效果 035
- 2.7　实例：使用"图文成片"功能生成视频 036

第3章　色彩艺术：调出令人心动的网红色调 041

- 3.1　认识滤镜界面 042
- 3.2　认识并了解色卡 043

- 3.3 实例：暖系灯光，色卡渲染简单实用 044
- 3.4 实例：黑金色调，去掉杂色化繁为简 046
- 3.5 实例：森系色调，墨绿色彩氛围感强 050
- 3.6 实例：AI 调色，自动调出合适色彩 052
- 3.7 实例：使用"色彩克隆"功能调出和谐色彩 054

第 4 章 字幕效果：让视频更加专业 058

- 4.1 认识字幕编辑界面 059
- 4.2 掌握创建字幕的方法 061
- 4.3 实例：智能包装文案 062
- 4.4 实例：添加文字模板 064
- 4.5 实例：制作文字消散效果 066
- 4.6 实例：识别视频自带字幕 069
- 4.7 实例：识别手机歌词字幕 071

第 5 章 动感音效：享受声音的动感魅力 074

- 5.1 认识剪映中的音乐素材库 075
- 5.2 实例：添加音乐和音效 078
- 5.3 实例：提取背景音乐 080
- 5.4 实例：改变声音效果 081
- 5.5 实例：制作克隆音色 083
- 5.6 实例：制作朗读音频 084

第 6 章 卡点特效：制作热门的动感视频 086

- 6.1 掌握卡点特效的关键点 087
- 6.2 实例：使用 AI 模板制作卡点视频 088
- 6.3 实例：使用"剪同款"功能制作动感相册 090
- 6.4 实例：使用"节拍"功能制作颜色渐变卡点特效 092
- 6.5 实例：使用"节拍"功能制作曲线变速卡点特效 095
- 6.6 实例：使用"节拍"功能制作 3D 立体卡点特效 098

剪映电脑版

第 7 章 合成特效：视频合成与 AI 特效创作 102

- 7.1 剪映电脑版的下载和安装 103
- 7.2 视频合成效果的制作要点 104
- 7.3 实例：使用蒙版遮挡视频中的水印 107
- 7.4 实例：使用蒙版分屏显示多段视频 110
- 7.5 实例：使用"滤色"模式抠出文字 114
- 7.6 实例：使用"色度抠图"功能合成视频 116
- 7.7 实例：使用"AI 效果"功能制作视频特效 117

第 8 章 电影大片：氛围感调色与特效打造 121

- 8.1 了解滤镜和"调节"功能 122
- 8.2 认识电影中常用的特效类型 123
- 8.3 实例：调出青橙电影色调 125
- 8.4 实例：调出莫兰迪电影色调 128
- 8.5 实例：使用"色度抠图"功能制作卷轴开幕特效 130
- 8.6 实例：制作灵魂出窍特效 133
- 8.7 实例：制作时间倒退特效 134

第 9 章 爆款文字：让你的作品具有高级感 141

- 9.1 了解爆款文字的关键 142
- 9.2 实例：制作文字分割插入效果 144
- 9.3 实例：制作专属标识文字效果 148
- 9.4 实例：制作文字旋转分割效果 155

第 10 章 热门 Vlog：百万流量秒变视频达人 161

- 10.1 了解 Vlog 的制作要点 162
- 10.2 实例：制作"交给时间"生活 Vlog 164
- 10.3 实例：制作"休闲周末"文艺 Vlog 170

10.4　实例：制作"旅行大片"风光 Vlog 177

剪映网页版

第 11 章　即梦 AI：图片与视频的智能生成 188

11.1　了解即梦 AI 工具 189
11.2　使用即梦 AI 以文生图 195
11.3　使用即梦 AI 以图生图 200
11.4　使用即梦 AI 以文生视频 203
11.5　使用即梦 AI 以图生视频 206

第 12 章　综合应用：DeepSeek + 即梦 AI + 剪映智能协作 210

12.1　实例：使用 DeepSeek 生成文案 211
12.2　实例：使用剪映文生图 212
12.3　实例：使用即梦 AI 图生视频 213
12.4　实例：使用剪映后期剪辑 215

剪映

手机版

第 1 章
基础入门：剪映剪辑快速上手

■ **本章要点**

  本章是剪映入门的基础篇，主要介绍剪映界面、导入素材、缩放轨道、变速功能、定格功能、磨皮瘦脸、智能抠像、一键成片以及智能裁剪等基本操作方法，帮助读者为后面的学习奠定良好的基础。

第1章 基础入门：剪映剪辑快速上手

1.1 剪映界面：快速认识后期剪辑

剪映是一款由字节跳动推出的视频剪辑工具。自移动端上线以来，剪映凭借其全面的剪辑功能和易用性，迅速获得了广大用户的喜爱。目前，剪映支持在手机移动端、Pad端、Mac电脑端以及Windows电脑全终端使用，极大地满足了不同用户的创作需求。下面将介绍下载和安装剪映手机版的操作方法并带读者了解剪映手机版的界面（以安卓系统手机安装为例）。

扫一扫，看视频

步骤 01 在手机中打开应用市场App，❶ 在搜索栏中输入并搜索"剪映"；❷ 在搜索结果中点击剪映右侧的"安装"按钮，如图1-1所示。

步骤 02 下载并安装成功之后，在界面中点击"打开"按钮，如图1-2所示。

图1-1 点击"安装"按钮

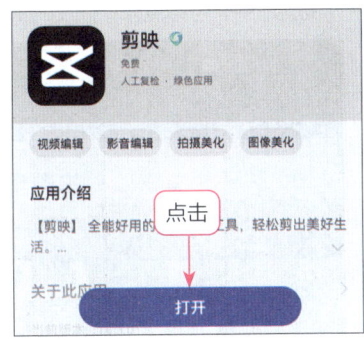

图1-2 点击"打开"按钮

步骤 03 进入剪映手机版，点击"抖音登录"按钮，如图1-3所示，即可登录剪映账号。

步骤 04 稍等片刻，弹出相应的界面，在左上方显示抖音头像，如图1-4所示，即为登录成功。

图1-3 点击"抖音登录"按钮

图1-4 显示抖音头像

步骤 05 为了创作视频，点击"剪辑"按钮，如图1-5所示。

步骤 06 进入"剪辑"界面，点击"开始创作"按钮，如图1-6所示。

图1-5 点击"剪辑"按钮

图1-6 点击"开始创作"按钮

步骤 07 进入"照片视频"界面，在"视频"选项卡中可以选择相应的视频素材；在"照片"选项卡中可以选择相应的照片素材，如图1-7所示。

图1-7 选择相应的视频素材或照片素材

步骤 08 点击"添加"按钮，即可成功导入相应的视频素材或照片素材，并进入编辑界面，如图1-8所示。预览区域左下角的时间表示当前时长和视频的总时长。点击预览区域右下角的 按钮，即可全屏预览视频效果；点击 按钮，即可播放视频。

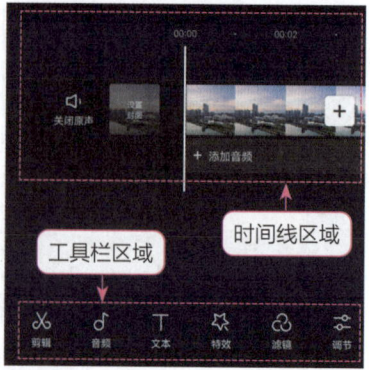

图1-8 编辑界面

步骤 09 用户在进行视频编辑操作后，❶ 点击预览区域右下角的"撤回"按钮，即可撤销上一步的操作；❷ 点击"恢复"按钮，即可恢复上一步操作，如图1-9所示。

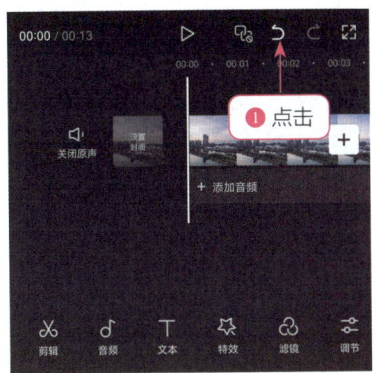 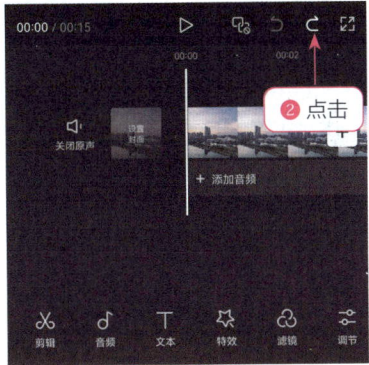

图 1-9　点击相应按钮

1.2　导入素材：增加视频的丰富度

认识了剪映手机版的操作界面后，即可开始学习如何导入素材。下面介绍在剪映手机版中导入素材的操作方法。

步骤 01 在上一例的基础上，点击右侧的 + 按钮，如图1-10所示。

步骤 02 进入"照片视频"界面，❶ 在"视频"选项卡中选择相应的视频素材；❷ 选中"高清"复选框；❸ 点击"添加"按钮，如图1-11所示。

扫一扫，看视频

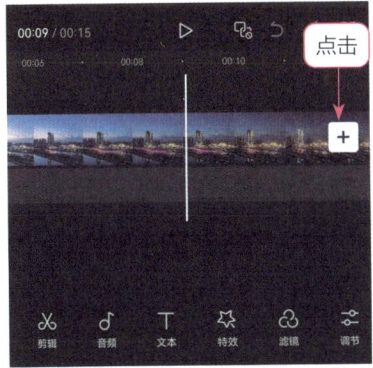 

图 1-10　点击相应按钮　　　　图 1-11　点击"添加"按钮

步骤 03 在时间线区域的视频轨道中添加一个新的视频素材，如图1-12所示。

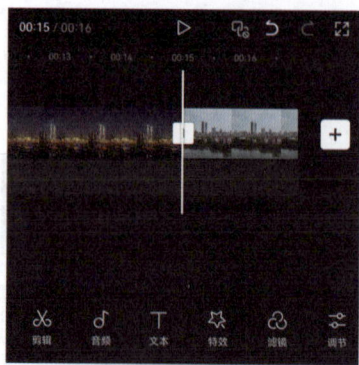 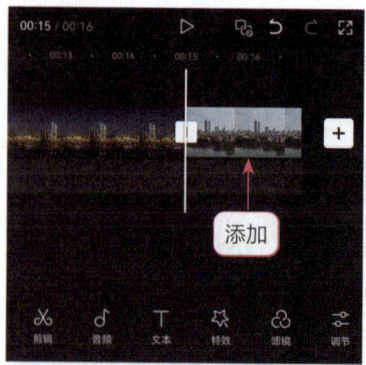

图 1-12 添加新的视频素材

步骤 04 除了以上导入素材的方法外,用户还可以点击"开始创作"按钮,进入"照片视频"界面,点击"素材库"按钮,如图 1-13 所示。

步骤 05 剪映素材库内置了丰富的素材,其中包括"片头""片尾""热梗""情绪"等素材,如图 1-14 所示。

图 1-13 点击"素材库"按钮　　　图 1-14 "素材库"界面

步骤 06 例如,用户想要制作一个倒计时的片头,❶ 在"片头"选项卡中选择倒计时片头素材片段;❷ 点击"添加"按钮,如图 1-15 所示。

步骤 07 添加倒计时片头素材到视频轨道中,如图 1-16 所示。

 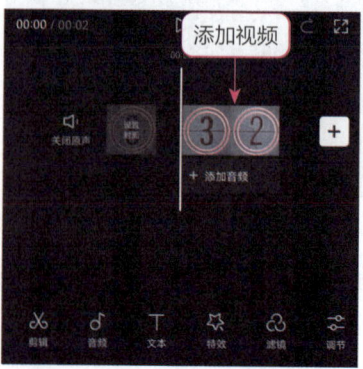

图 1-15 点击"添加"按钮　　　图 1-16 添加倒计时片头素材

1.3 缩放轨道：方便视频精细剪辑

为了方便视频的精细剪辑，用户可以通过放大或缩小时间线区域来调节视频的轨道长度。下面介绍在剪映手机版中缩放轨道的方法。

步骤 01 时间线区域中有一条白色的垂直线条，称为时间轴，上面为时间刻度。用户可以在时间线区域任意滑动视频，查看导入的视频或效果。在时间线区域中可以看到视频轨道和音频轨道，用户还可以增加字幕轨道，如图 1-17 所示。

扫一扫，看视频

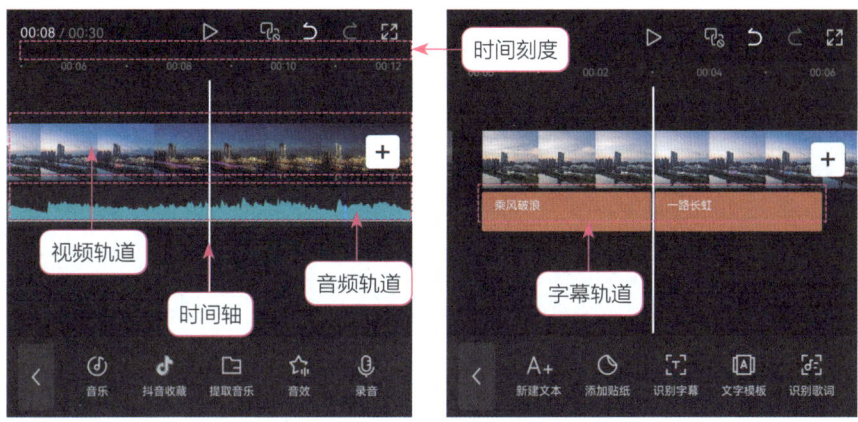

图 1-17 时间线区域

步骤 02 用双指在视频轨道中捏合，可以缩小时间线区域；反之，将双指在视频轨道中分开，即可放大时间线区域，如图 1-18 所示。

图 1-18 调节时间线区域的大小

1.4 实例："变速"功能，蒙太奇变速的效果

扫一扫，看效果

扫一扫，看视频

【效果展示】"变速"功能能够改变视频的播放速度，让画面更具动感。在剪映中选择"蒙太奇"变速模式，可以使视频的播放速度随着背景音乐的变化而变化，时快时慢，效果如图 1-19 所示。

图 1-19 "变速"功能效果展示

下面介绍在剪映手机版中制作蒙太奇变速短视频的操作方法。

步骤 01 在剪映手机版中导入一段视频，在一级工具栏中点击"音频"按钮，如图 1-20 所示。

步骤 02 在弹出的二级工具栏中点击"音乐"按钮，如图 1-21 所示。

步骤 03 进入"音乐"界面，在"收藏"选项卡下面选择合适的音乐，并点击所选音乐右侧的"使用"按钮，如图 1-22 所示。

步骤 04 音频添加成功，❶ 选择音频素材；❷ 在视频素材的末尾位置点击"分割"按钮，分割音频；❸ 点击"删除"按钮，如图 1-23 所示，删除多余的音频素材。

第1章 基础入门：剪映剪辑快速上手

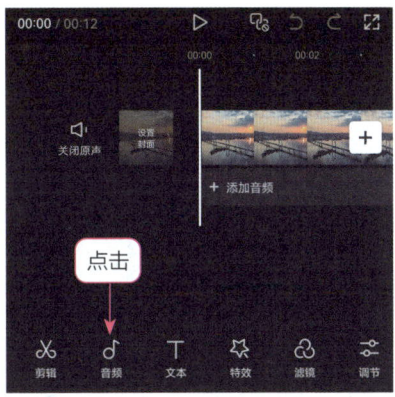

图 1-20 点击"音频"按钮

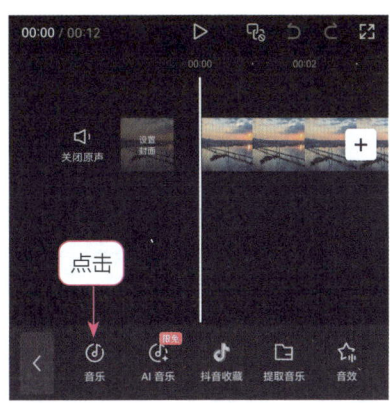

图 1-21 点击"音乐"按钮

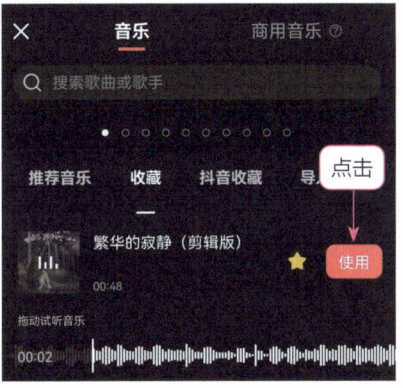

图 1-22 选择音频素材

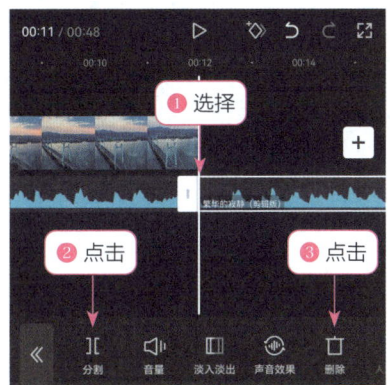

图 1-23 删除多余音频素材

步骤 05 操作完成后，❶ 选择视频素材；❷ 在二级工具栏中点击"变速"按钮，如图 1-24 所示。

步骤 06 执行操作后，进入三级工具栏，剪映提供了"常规变速""曲线变速""变速卡点"3 种功能，点击"常规变速"按钮，如图 1-25 所示。

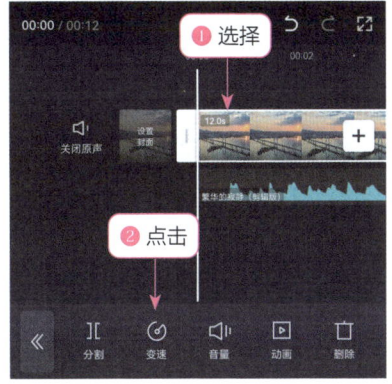

图 1-24 点击"变速"按钮

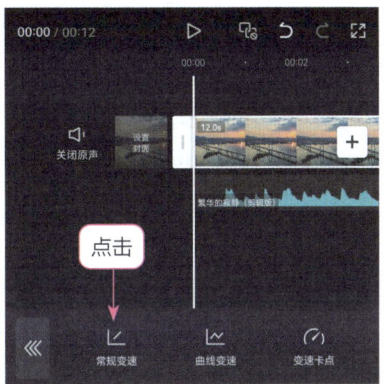

图 1-25 点击"常规变速"按钮

步骤 07 进入"变速"界面,拖曳红色的圆环滑块,滑块向左移,表示视频播放速度被减慢,视频时间加长;滑块向右移,表示视频播放速度被增快,视频时间缩短。这里设置"变速"参数为 0.8x,调整视频的播放速度,如图 1-26 所示。

步骤 08 点击 ✓ 按钮,返回三级工具栏,点击"曲线变速"按钮,如图 1-27 所示。

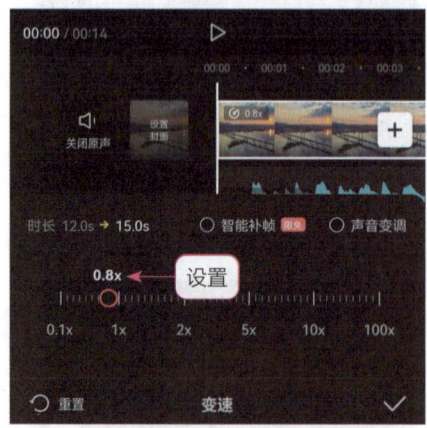

图 1-26 设置"变速"参数

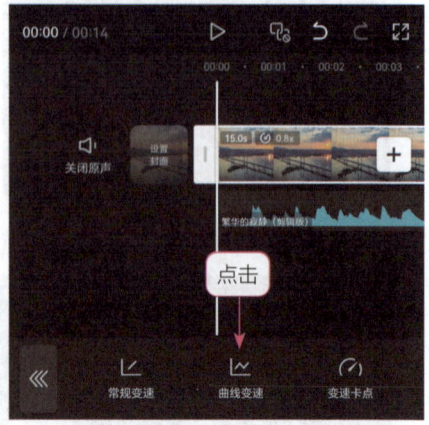

图 1-27 点击"曲线变速"按钮

步骤 09 进入"曲线变速"界面,选择"自定"选项并点击"点击编辑"按钮,如图 1-28 所示。

步骤 10 进入"自定"界面,系统会自动添加一些变速点,❶ 拖曳时间轴至相应变速点上;❷ 向上拖曳该变速点,如图 1-29 所示,即可加快播放速度。

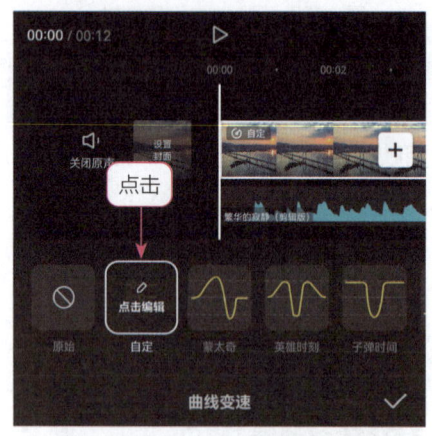

图 1-28 点击"点击编辑"按钮(1)

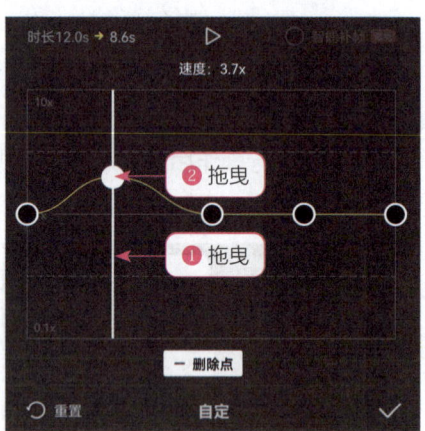

图 1-29 向上拖曳变速点

步骤 11 ❶ 拖曳时间轴至相应变速点上;❷ 向下拖曳该变速点,如图 1-30 所示,即可放慢播放速度。

步骤 12 点击 ✓ 按钮,返回"曲线变速"界面,选择"蒙太奇"选项并点击"点击编辑"按钮,如图 1-31 所示。

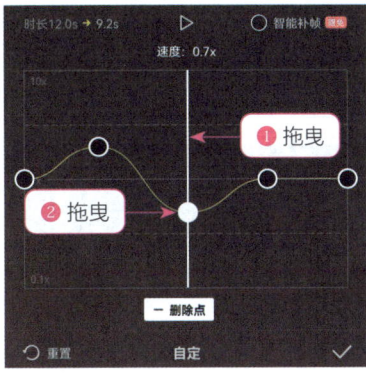
图 1-30 向下拖曳变速点

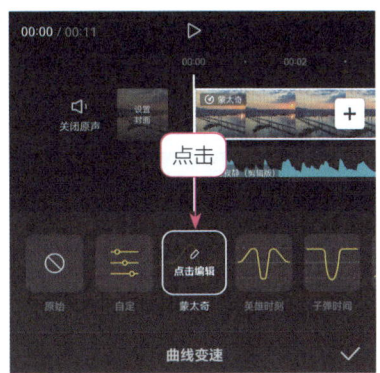
图 1-31 点击"点击编辑"按钮（2）

步骤 13 进入"蒙太奇"界面，将时间轴拖曳到需要进行变速处理的位置，如图 1-32 所示。

步骤 14 点击 +添加点 按钮，即可添加一个变速点，效果如图 1-33 所示。

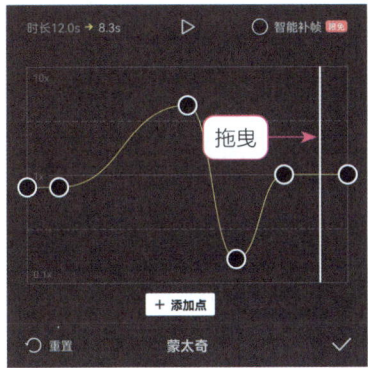
图 1-32 将时间轴拖曳到相应的位置

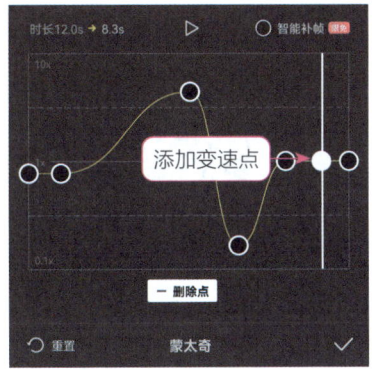
图 1-33 添加变速点

步骤 15 将时间轴拖曳到需要删除的变速点上，如图 1-34 所示。

步骤 16 点击 -删除点 按钮，即可删除所选的变速点，效果如图 1-35 所示。

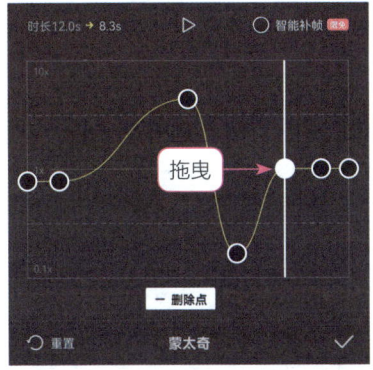
图 1-34 将时间轴拖曳到相应变速点上

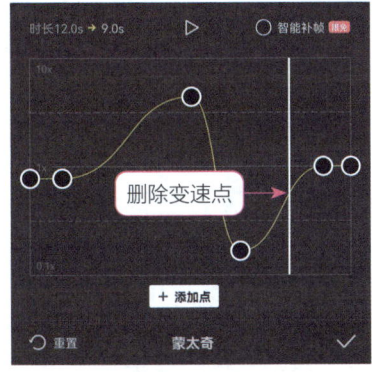
图 1-35 删除变速点

步骤 17 根据背景音乐的节奏，调整变速点的位置，效果如图 1-36 所示，即可完成曲线变速的调整。

步骤 18 点击"导出"按钮，如图 1-37 所示，即可导出视频。

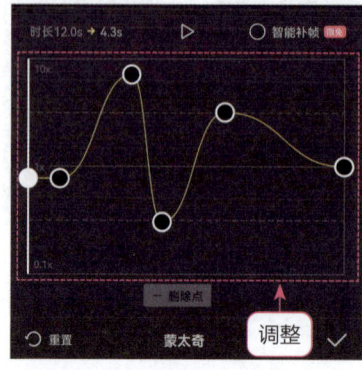

图 1-36 调整变速点位置　　　　　　图 1-37 点击"导出"按钮

1.5 实例："定格"功能，制作拍照定格效果

扫一扫，看效果　　　　　　　　　　扫一扫，看视频

【效果展示】"定格"功能能够将视频中的某一帧画面定格并持续 3 秒。在视频的精彩部分使用"定格"功能，可以使画面像被照相机拍成了照片一样定格，3 秒后画面又会继续播放，效果如图 1-38 所示。

图 1-38 "定格"功能效果展示

下面介绍在剪映手机版中制作拍照定格效果的操作方法。

步骤 01 在剪映手机版中导入一段视频素材，❶ 选择视频素材；❷ 在二级工具栏中点击"音频分离"按钮，如图 1-39 所示。

步骤 02 执行操作后，即可分离视频中的背景音乐，如图 1-40 所示。

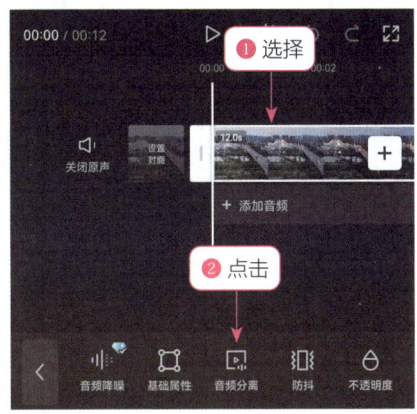
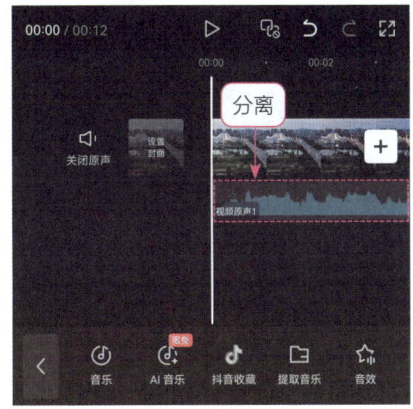

图 1-39　点击"音频分离"按钮　　　　　图 1-40　分离视频中的背景音乐

步骤 03 为了继续编辑视频，选择视频素材，如图 1-41 所示。

步骤 04 进入剪辑二级工具栏，❶ 拖曳时间轴至需要定格的位置处；❷ 点击"定格"按钮，如图 1-42 所示。

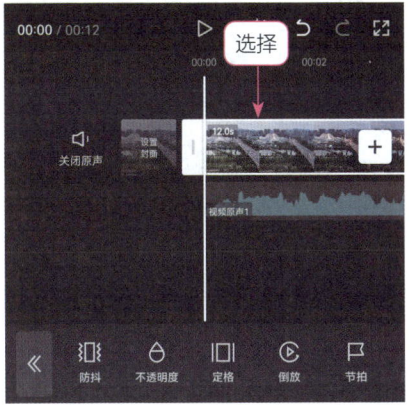
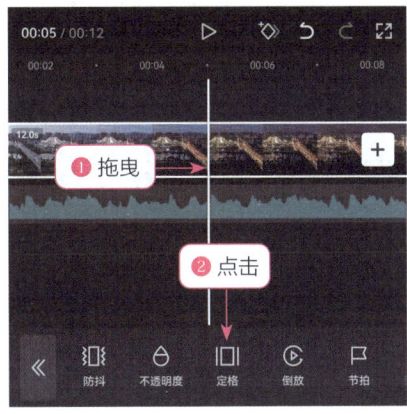

图 1-41　选择视频素材　　　　　　　　图 1-42　点击"定格"按钮

步骤 05 执行操作后，即可自动分割视频并生成定格片段，该片段将持续 3 秒，如图 1-43 所示。

步骤 06 返回主界面，点击"音频"按钮，如图 1-44 所示。

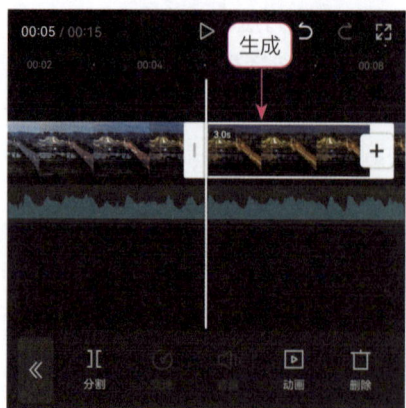
图 1-43 生成定格片段

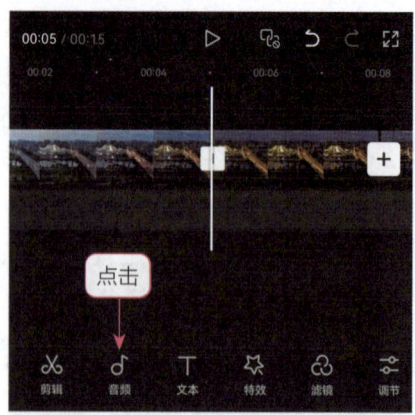
图 1-44 点击"音频"按钮

步骤 07 在弹出的二级工具栏中点击"音效"按钮,如图 1-45 所示。

步骤 08 弹出相应的面板,❶ 切换至"机械"选项卡;❷ 选择"拍照声 1"选项;❸ 点击"使用"按钮,如图 1-46 所示。

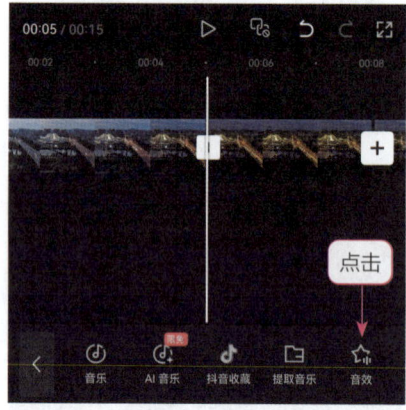
图 1-45 点击"音效"按钮

图 1-46 选择音效

步骤 09 执行操作后,成功添加拍照音效,并将音效调整至轨道的合适位置,如图 1-47 所示。

步骤 10 返回主界面,点击"特效"按钮,如图 1-48 所示。

步骤 11 在弹出的二级工具栏中点击"画面特效"按钮,如图 1-49 所示。

步骤 12 弹出相应的面板,❶ 在"基础"选项卡中选择"泡泡变焦"特效;❷ 点击✓按钮,如图 1-50 所示,确认操作。

步骤 13 添加一个"泡泡变焦"特效,如图 1-51 所示。

步骤 14 适当调整"泡泡变焦"特效的持续时间,将其缩短到与音效的时长基本一致,如图 1-52 所示。至此,完成拍照定格效果的制作。

第 1 章 基础入门：剪映剪辑快速上手

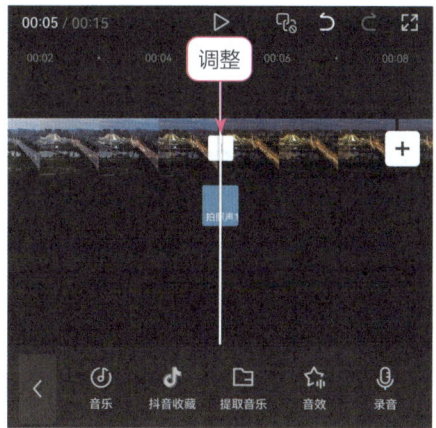

图 1-47 调整音效位置

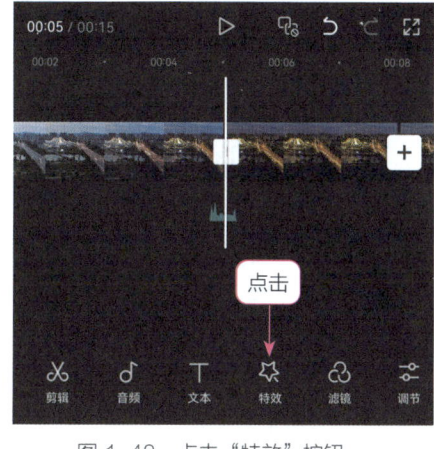

图 1-48 点击"特效"按钮

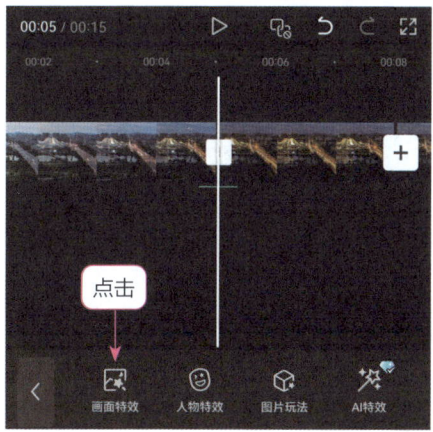

图 1-49 点击"画面特效"按钮

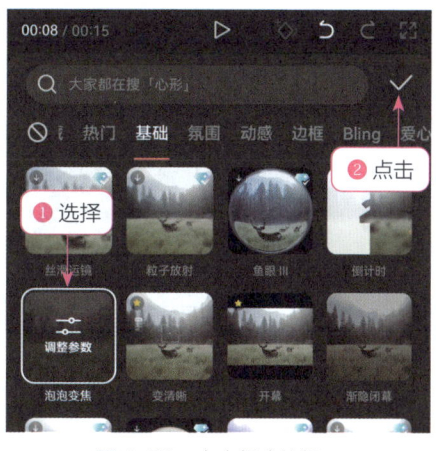

图 1-50 点击相应按钮

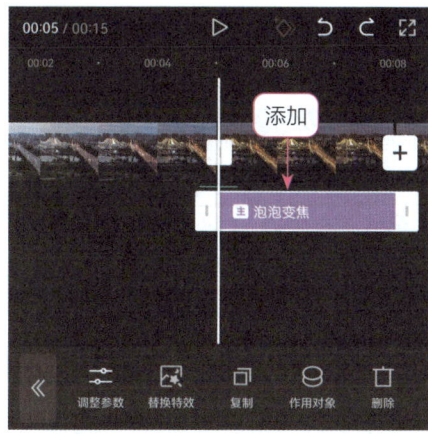

图 1-51 添加"泡泡变焦"特效

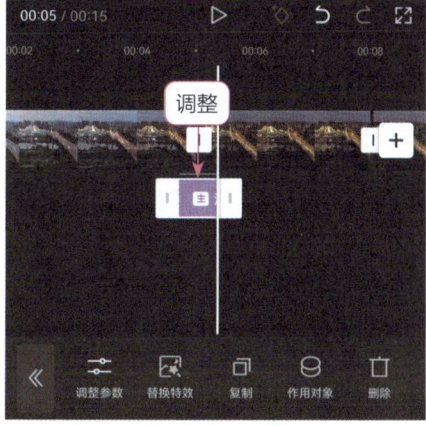

图 1-52 调整特效的持续时间

015

1.6 实例：磨皮瘦脸，打造人物精致容颜

扫一扫，看效果

扫一扫，看视频

【效果对比】"磨皮"和"瘦脸"功能对人物的皮肤和脸型起到一个美化作用。为人物进行磨皮和瘦脸后，人物的皮肤变得更加光滑了，脸蛋也更精致了。原图与效果图对比如图 1-53 所示。

图 1-53 原图与效果图对比

下面介绍在剪映手机版中打造人物精致容颜的操作方法。

步骤 01 在剪映手机版中导入一段视频素材，❶ 选择视频素材；❷ 在弹出的二级工具栏中点击"美颜美体"按钮，如图 1-54 所示。

步骤 02 弹出相应的面板，点击"美颜"按钮，如图 1-55 所示。

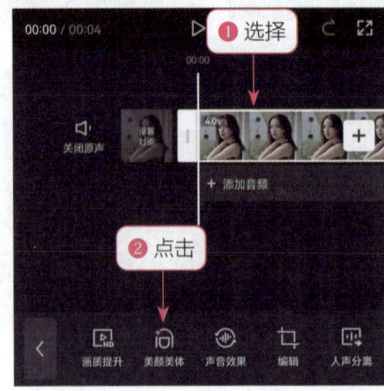 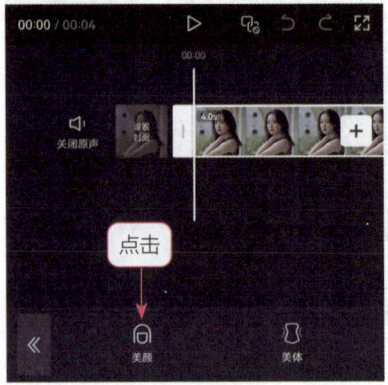

图 1-54 点击"美颜美体"按钮　　图 1-55 点击"美颜"按钮

步骤 03 进入"美颜"界面，❶ 选择"磨皮"选项；❷ 向右拖曳滑块，设置"磨皮"参数为 100，如图 1-56 所示，使人物的皮肤更加光滑。

步骤 04 为了修饰人物脸型，❶ 切换至"美型"选项卡；❷ 选择"瘦脸"选项；❸ 向右拖曳滑块，设置"瘦脸"参数为 100，如图 1-57 所示，使人物的脸型更加完美。至此，完成磨皮瘦脸以打造人物精致容颜的操作。

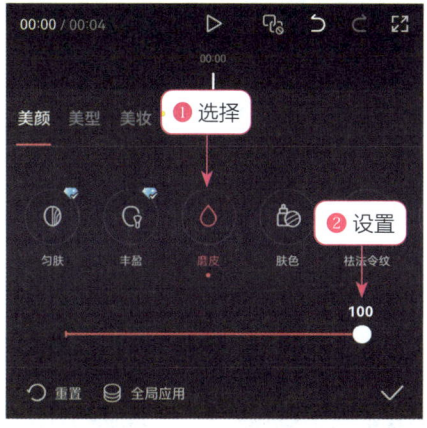 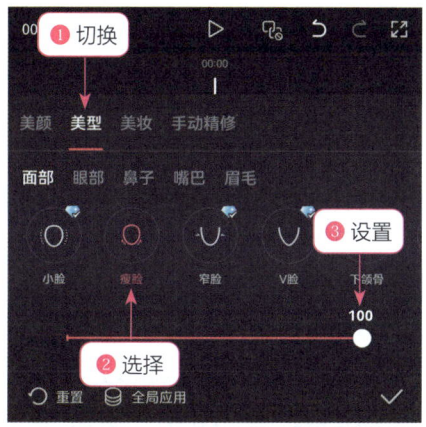

图 1-56　设置"磨皮"参数　　　　图 1-57　设置"瘦脸"参数

> 温馨提醒
>
> "美颜美体"功能不仅可以磨皮瘦脸，还可以根据用户需要，对视频中的人物进行美白、大眼以及美体等操作，使人物变得更加好看。另外，"美妆"功能中有许多现成的美妆模板，用户可以选择合适的模板，快速为人物化妆。

1.7 实例：智能抠像，使用 AI 合成视频

扫一扫，看效果　　　　扫一扫，看视频

【效果展示】"智能抠像"是剪映中一种非常实用的功能，只要选择相关的人物素材，再通过 AI 对该素材使用"智能抠像"功能，即可抠出人物，然后再将其与其他背景视频相融合，合成新的视频效果如图 1-58 所示。

图 1-58 "智能抠像"效果展示

下面介绍在剪映手机版中使用"智能抠像"功能合成视频的操作方法。

步骤 01 打开剪映手机版,进入"剪辑"界面,点击"开始创作"按钮,❶在"视频"选项卡中依次选择人物视频和背景视频;❷选中"高清"复选框;❸点击"添加"按钮,如图 1-59 所示,添加视频。

步骤 02 为了切换画中画轨道,❶选择人物视频;❷点击"切画中画"按钮,如图 1-60 所示。

 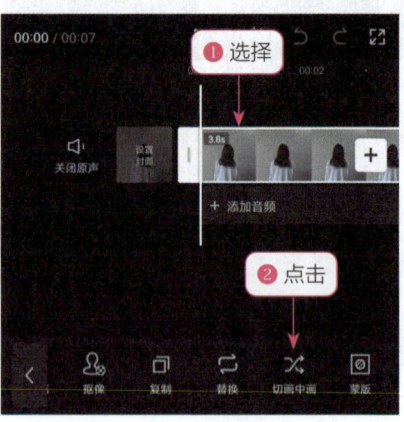

图 1-59 添加所需素材　　　　图 1-60 点击"切画中画"按钮

步骤 03 把人物视频切换至画中画轨道中,为了抠人物,点击"抠像"按钮,如图 1-61 所示。

步骤 04 在弹出的工具栏中点击"智能抠像"按钮,把人物抠出来,更换背景,如图 1-62 所示。

步骤 05 稍等片刻,人物自动抠像成功,点击✓按钮,如图 1-63 所示。

步骤 06 为了调整人物的位置,❶选择人物视频并移动到相应的位置;❷点击"导出"按钮,如图 1-64 所示,导出视频。

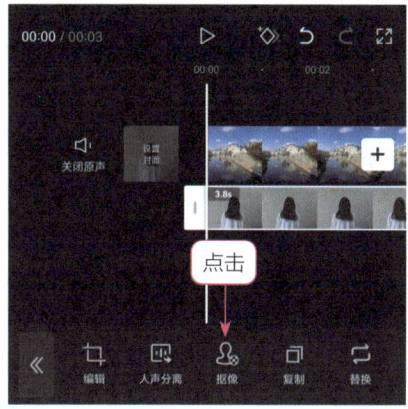
图 1-61 点击"抠像"按钮

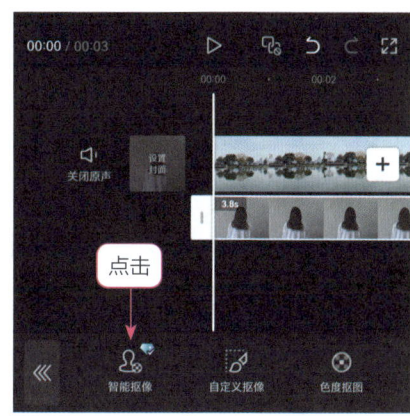
图 1-62 点击"智能抠像"按钮

图 1-63 完成抠像

图 1-64 点击"导出"按钮

1.8 实例：一键成片，挑选模板 AI 生成

扫一扫，看效果

扫一扫，看视频

【效果展示】"一键成片"是剪映为了方便用户剪辑推出的一个功能，操作简单，实用性也非常强，用户可以选用几段视频素材直接套用模板生成视频，效果如图 1-65 所示。

图 1-65 "一键成片"效果展示

下面介绍在剪映手机版中使用"一键成片"功能制作视频的操作方法。

步骤 01 打开剪映手机版,进入"剪辑"界面,点击"一键成片"按钮,如图 1-66 所示。

步骤 02 进入"照片视频"界面,❶ 在"视频"选项卡中依次选择 3 段视频;❷ 点击"下一步"按钮,如图 1-67 所示。

图 1-66 点击"一键成片"按钮　　图 1-67 添加所需素材

步骤 03 执行操作后,显示合成效果的进度,如图 1-68 所示。

步骤 04 稍等片刻,视频即可制作完成,❶ 视频自动播放预览;❷ 下方还提供了其他的视频模板,如图 1-69 所示。

图 1-68 显示合成效果的进度　　图 1-69 提供的视频模板

步骤 05 ❶ 用户可以自行选择喜欢的模板；❷ 点击"点击编辑"按钮，如图 1-70 所示。

步骤 06 进入"视频编辑"界面，❶ 选择需要编辑的视频片段；❷ 在弹出的面板中可选择"替换""裁剪""音量""编辑更多"功能来编辑素材，如图 1-71 所示。

图 1-70 点击"点击编辑"按钮　　图 1-71 编辑"一键成片"素材

步骤 07 编辑完成后，点击"导出"按钮，如图 1-72 所示。

步骤 08 弹出"导出设置"面板，在其中点击 按钮，如图 1-73 所示，把视频导出至本地相册中。

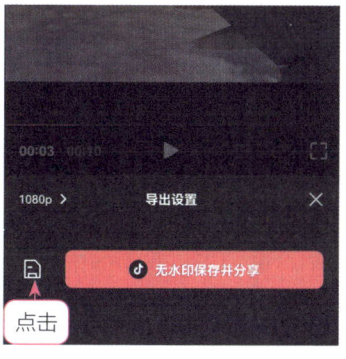

图 1-72 点击"导出"按钮　　图 1-73 导出至本地相册

剪映视频剪辑／调色／字幕／配音／特效从入门到精通（手机版＋电脑版＋网页版）

> ➡ **温馨提醒**
>
> 剪映提供了多种模板，建议根据视频内容和风格选择合适的模板。同时，"一键成片"中的模板会时常发生变动，如果遇到心仪的模板，可以长按模板进行收藏。

1.9 实例：智能裁剪，AI 改变视频比例

扫一扫，看效果　　　　　　　扫一扫，看视频

【**效果对比**】剪映中的"智能裁剪"功能可以转换视频的比例，裁去多余的画面，快速实现横竖屏转换，同时保持人物主体在最佳位置，自动追踪主体。抖音、快手等短视频平台发布的视频都是竖版设置，因此，在剪映中使用"智能裁剪"功能更改视频的画幅样式之后，可以让视频适应各种平台，从而得到更好的传播效果。原图与效果图对比如图 1-74 所示。

图 1-74　原图与效果图对比

下面介绍在剪映手机版中使用"智能裁剪"功能改变视频比例的操作方法。

步骤 01 打开剪映手机版，进入"剪辑"界面，点击"开始创作"按钮，如图 1-75 所示。

步骤 02 进入"照片视频"界面，❶ 在"视频"选项卡中选择视频素材；❷ 选中"高清"复选框；❸ 点击"添加"按钮，如图1-76所示，添加视频。

图1-75 点击"开始创作"按钮

图1-76 添加所需素材

步骤 03 为了转换视频的比例，❶ 在编辑界面中选择视频素材；❷ 点击"智能裁剪"按钮，如图1-77所示。

步骤 04 弹出相应的面板，❶ 选择9∶16选项，把横屏转换为竖屏；❷ 设置"镜头位移速度"为"更慢"，控制镜头速度；❸ 点击✓按钮，如图1-78所示，确认操作，回到一级工具栏。

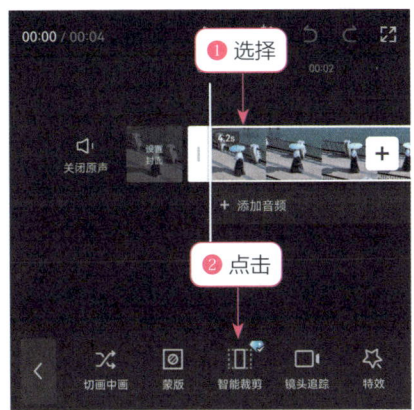
图1-77 点击"智能裁剪"按钮

图1-78 设置裁剪参数

步骤 05 为了去除画面黑边，在界面下方的一级工具栏中点击"比例"按钮，如图1-79所示。

步骤 06 弹出相应的面板，选择9∶16选项，去除画面左右两侧的黑边，如图1-80所示，最后点击"导出"按钮，导出视频。

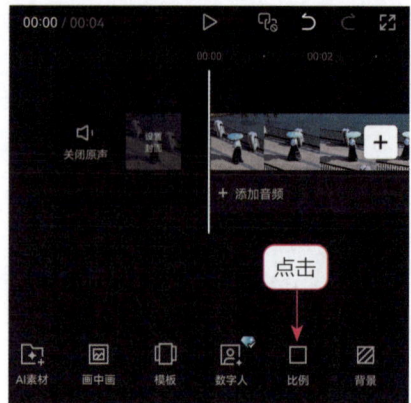
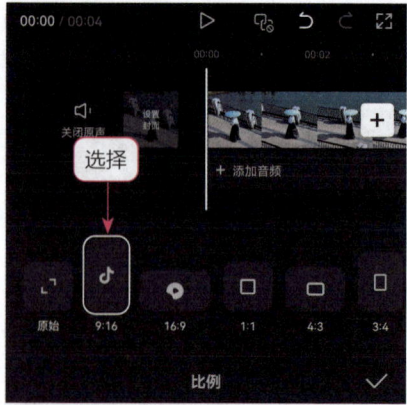

图 1-79　点击"比例"按钮　　　　图 1-80　选择 9∶16 选项

第 2 章
一键生成：AI 文案、图片、视频

■ 本章要点

　　在剪映中，有许多 AI 功能，如"智能文案""AI 作图""AI 特效""图文成片"等，它们支持用户一键生成文案、图片或视频。这些功能能够将图片或视频素材快速整合并生成新的视觉效果，极大地提高了剪辑视频的效率，为用户的视频制作提供了更多的便利。本章将介绍相关 AI 功能的操作方法。

2.1 实例：使用"智能文案"功能生成文案

扫一扫，看效果

扫一扫，看视频

【效果展示】在剪映中使用"智能文案"功能时，系统会根据视频内容，推荐很多条文案，选择自己满意的即可，效果如图 2-1 所示。

图 2-1 "智能文案"效果展示

下面介绍在剪映手机版中使用"智能文案"功能生成文案的操作方法。

步骤 01 在剪映手机版中导入视频，在一级工具栏中点击"文本"按钮，如图 2-2 所示。

步骤 02 在弹出的二级工具栏中点击"智能文案"按钮，如图 2-3 所示。

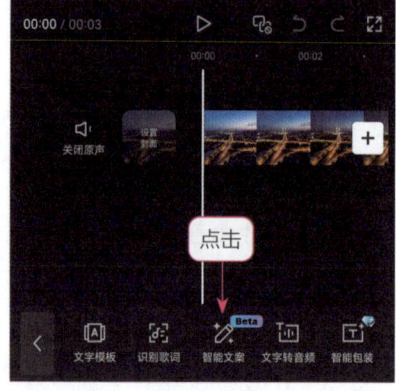

图 2-2 点击"文本"按钮　　图 2-3 点击"智能文案"按钮

步骤 03 弹出"文案推荐"面板，❶ 选择一条合适的文案；❷ 点击 ⊙ 按钮，如图 2-4 所示。

步骤 04 为了修改文案样式，点击下方工具栏中的"编辑"按钮，如图 2-5 所示。

图 2-4 选择推荐文案　　　　　　　图 2-5 点击"编辑"按钮

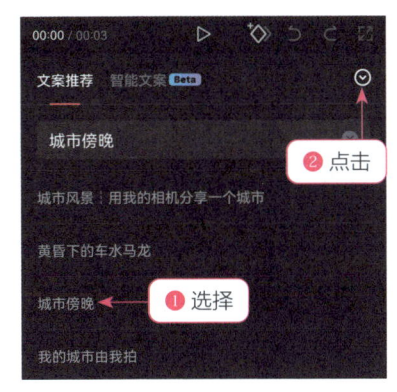

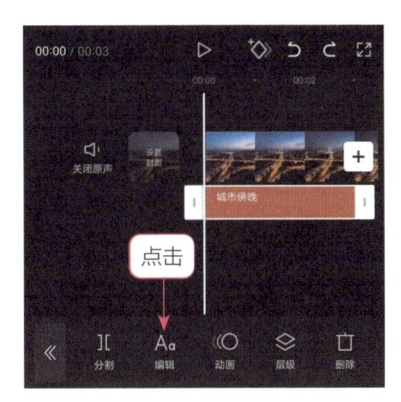

步骤 05 ❶ 切换至"文字模板"|"片头标题"选项卡；❷ 选择一款合适的文字模板，如图 2-6 所示。

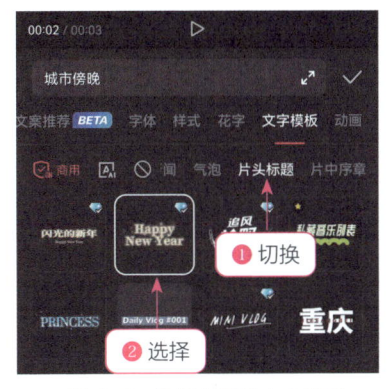

步骤 06 ❶ 在手机屏幕上用手指操作调整文字的大小和位置；❷ 点击✓按钮，如图 2-7 所示，确认操作。

图 2-6 选择合适的文字模板　　　　图 2-7 调整文字大小和位置

步骤 07 调整文字的时长，使其对齐视频的时长，如图 2-8 所示。

步骤 08 点击"导出"按钮，如图 2-9 所示，导出视频。

图 2-8 调整文字的时长　　　　　　图 2-9 点击"导出"按钮

027

2.2 实例：智能生成美食教程文案

在剪映的"图文成片"中，用户不仅可以自由编辑文案，还可以让它智能生成各种类型和风格的文案，如智能生成美食教程文案、智能生成美食推荐文案等。

扫一扫，看视频　　下面介绍在剪映手机版中智能生成美食教程文案的操作方法。

步骤 01 打开剪映手机版，进入"剪辑"界面，为了生成美食教程文案，点击"图文成片"按钮，如图 2-10 所示。

步骤 02 进入"图文成片"界面，选择"美食教程"选项，如图 2-11 所示。

图 2-10　点击"图文成片"按钮 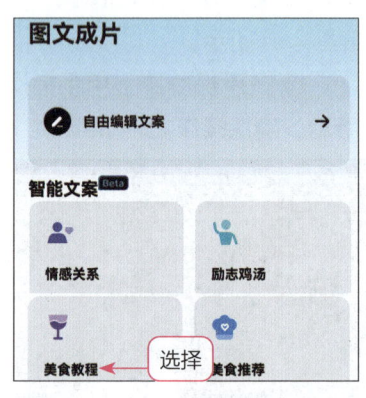　　图 2-11　选择"美食教程"选项

步骤 03 进入"美食教程"界面，❶ 输入"美食名称"为"红烧茄子"、"美食做法"为"香辣味做法"；❷ 设置"视频时长"为"1分钟左右"；❸ 点击"生成文案"按钮，如图 2-12 所示。

步骤 04 稍等片刻，即可生成相应的文案结果，如图 2-13 所示，点击 ▶ 按钮，可以切换文案；点击 C 按钮，可以重新生成文案。

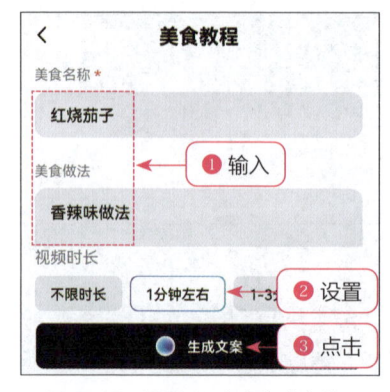

图 2-12　设置 AI 文案生成条件 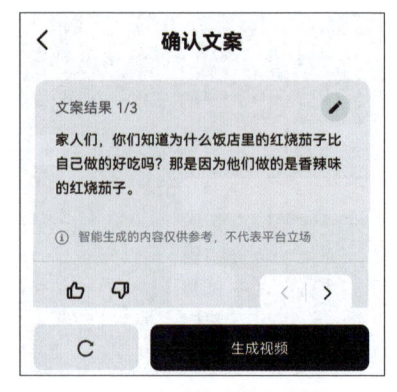　　图 2-13　生成相应的文案结果

2.3 实例：使用"AI作图"功能进行创作

扫一扫，看效果　　　　　　扫一扫，看视频

【效果展示】插画原指书籍出版物中的插图，在很多动漫书中，动漫人物插画是比较常见的，使用剪映的"AI作图"功能可以快速生成各种唯美的动漫插画，部分效果如图2-14所示。

图2-14 "AI作图"效果展示

下面介绍在剪映手机版中使用"AI作图"功能生成动漫插画的操作方法。

步骤 01 打开剪映手机版，进入"剪辑"界面，点击"展开"按钮，如图2-15所示。

步骤 02 在展开后的全部功能界面中，点击"AI作图"按钮，如图2-16所示。

图2-15 点击"展开"按钮　　　　图2-16 点击"AI作图"按钮

步骤 03 进入相应界面，❶ 在提示词面板中输入自定义提示词；❷ 点击 按钮，如图 2-17 所示。

步骤 04 进入"参数调整"面板，❶ 默认选择"通用 1.2"模型；❷ 选择 1∶1 比例样式；❸ 设置"精细度"参数为 50，提高效果质量；❹ 点击 按钮，如图 2-18 所示。

图 2-17　输入自定义提示词　　　　　图 2-18　调整参数

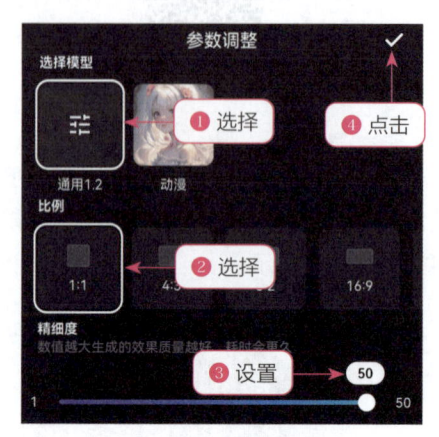

步骤 05 点击"立即生成"按钮，如图 2-19 所示。

步骤 06 稍等片刻，剪映会生成 4 张动漫插画图片，如图 2-20 所示。

图 2-19　点击"立即生成"按钮　　　　图 2-20　生成 4 张动漫插画图片

2.4　实例：使用"AI 特效"功能进行创作

扫一扫，看效果　　　　　　　　　　扫一扫，看视频

第 2 章　一键生成：AI 文案、图片、视频

【效果对比】在"AI 特效"的灵感库中有多种不同风格的模型，用户可以选择相应的模型，将人物照片一键生成国风工笔。原图与效果图对比如图 2-21 所示。

图 2-21　原图与效果图对比

下面介绍在剪映手机版中使用"AI 特效"功能进行创作的操作方法。

步骤 01　在剪映手机版中导入图片素材，点击"特效"按钮，如图 2-22 所示。

步骤 02　在弹出的二级工具栏中点击"AI 特效"按钮，如图 2-23 所示。

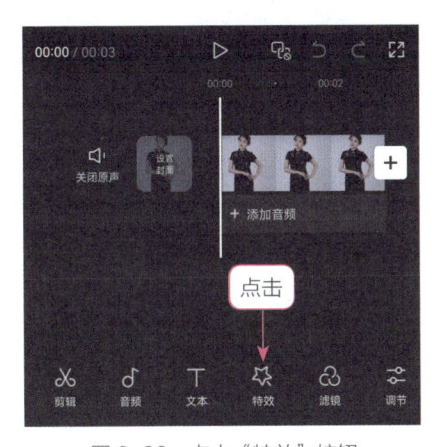

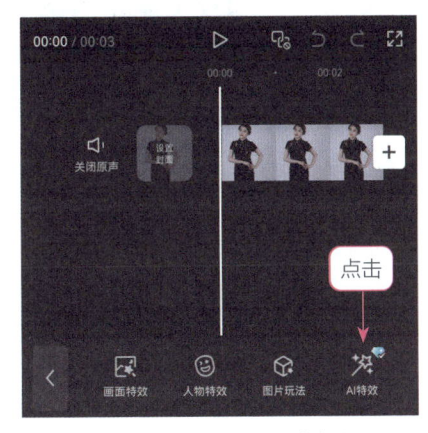

图 2-22　点击"特效"按钮　　　图 2-23　点击"AI 特效"按钮

步骤 03　进入"灵感"界面，❶ 在"热门"选项卡中选择一个合适的模板；❷ 点击"生成"按钮，如图 2-24 所示。

步骤 04　弹出"效果预览"面板，❶ 选择第 4 个选项；❷ 点击"应用"按钮，如图 2-25 所示，生成相应的图片。

步骤 05　为了添加背景音乐，在界面下方的一级工具栏中点击"音频"按钮，

031

如图 2-26 所示。

步骤 06 在弹出的二级工具栏中点击"提取音乐"按钮，如图 2-27 所示。

图 2-24 选择模板

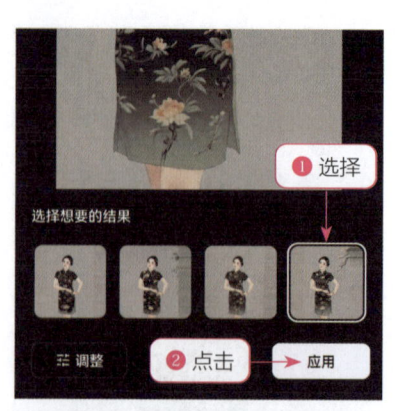

图 2-25 点击"应用"按钮

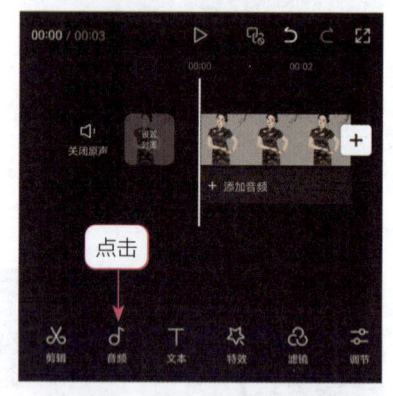

图 2-26 点击"音频"按钮

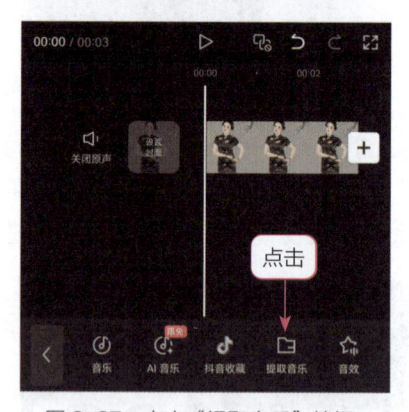

图 2-27 点击"提取音乐"按钮

步骤 07 进入"照片视频"界面，❶ 选择视频素材；❷ 点击"仅导入视频的声音"按钮，如图 2-28 所示，提取背景音乐。

步骤 08 操作完成后，点击"导出"按钮，如图 2-29 所示，导出视频。

图 2-28 选择视频提取声音

图 2-29 点击"导出"按钮

第 2 章 一键生成：AI 文案、图片、视频

> **温馨提醒**
>
> 在使用"AI 特效"功能时，不仅可以在灵感库中选择不同的模型进行创作，还可以在"自定义"界面中输入相应的提示词，更加精准地生成自己需要的内容。

2.5 实例：使用 AI 制作图片静态效果

扫一扫，看效果　　　　　扫一扫，看视频

【效果对比】在"图片玩法"功能的"AI 写真"选项卡中，有哥特风、暗黑风和古风等类型的写真照片风格，用户可以根据图片风格进行选择，生成相应的照片。原图与效果图对比如图 2-30 所示。

图 2-30　原图与效果图对比

下面介绍在剪映手机版中使用 AI 制作图片静态效果的操作方法。

步骤 01 在剪映手机版中导入图片素材，点击"特效"按钮，如图 2-31 所示。

步骤 02 在弹出的二级工具栏中点击"图片玩法"按钮，如图 2-32 所示。

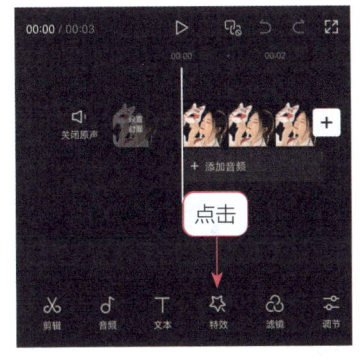

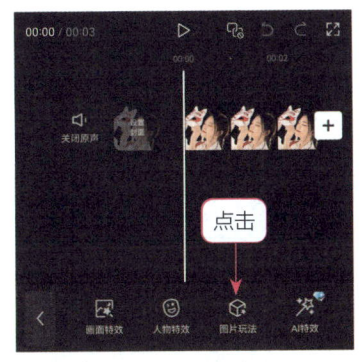

图 2-31　点击"特效"按钮　　　　　图 2-32　点击"图片玩法"按钮

033

步骤 03 弹出"图片玩法"面板，❶切换至"AI写真"选项卡；❷选择"簪花写真"选项，如图2-33所示。稍等片刻，即可生成相应的图片效果。

步骤 04 为了添加背景音乐，在界面下方的一级工具栏中点击"音频"按钮，如图2-34所示。

图2-33 选择"簪花写真"选项

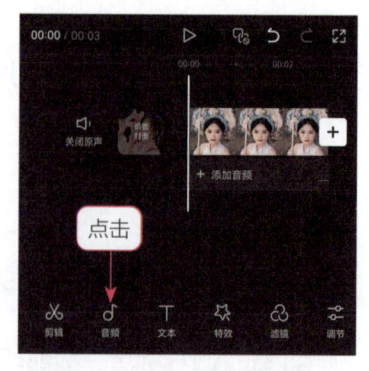

图2-34 点击"音频"按钮

步骤 05 在弹出的二级工具栏中点击"提取音乐"按钮，如图2-35所示。

步骤 06 进入"照片视频"界面，❶选择视频素材；❷点击"仅导入视频的声音"按钮，如图2-36所示。

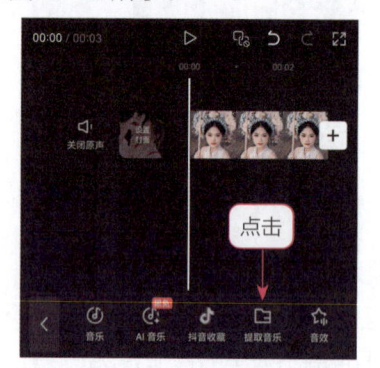

图2-35 点击"提取音乐"按钮

图2-36 选择视频提取声音

步骤 07 稍等片刻，即可成功提取音乐，如图2-37所示。

步骤 08 点击"导出"按钮，如图2-38所示，导出视频。

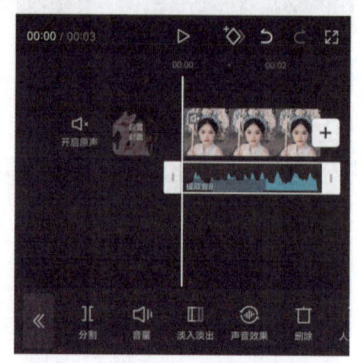

图2-37 成功提取音乐

图2-38 点击"导出"按钮

2.6 实例：使用 AI 制作图片动态效果

扫一扫，看效果　　　　扫一扫，看视频

【效果展示】"图片玩法"功能中的"3D 运镜"效果主要是把人物抠出来进行放大或者缩小运动，这种效果赋予图片以三维的深度和真实场景的沉浸感，效果如图 2-39 所示。

图 2-39　"3D 运镜"效果展示

下面介绍在剪映手机版中使用 AI 制作图片动态效果的操作方法。

步骤 01　在剪映手机版中导入图片素材，依次点击"特效"按钮和"图片玩法"按钮，如图 2-40 所示。

步骤 02　弹出"图片玩法"面板，❶切换至"运镜"选项卡；❷选择"3D 运镜"选项，稍等片刻，即可生成相应的视频效果，如图 2-41 所示。

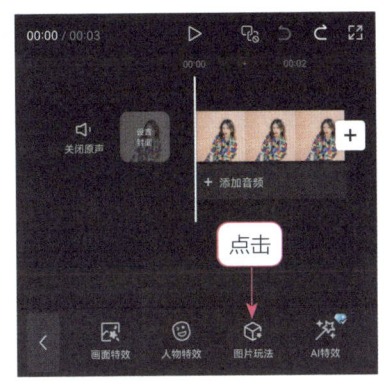

图 2-40　点击"图片玩法"按钮　　　　图 2-41　选择"3D 运镜"选项

步骤 03 为了添加背景音乐，在界面下方的一级工具栏中点击"音频"按钮，如图 2-42 所示。

步骤 04 在弹出的二级工具栏中点击"提取音乐"按钮，如图 2-43 所示。

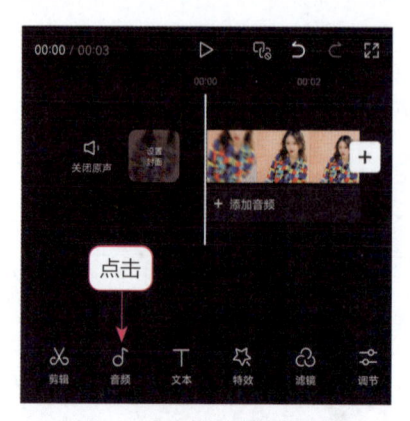

图 2-42 点击"音频"按钮

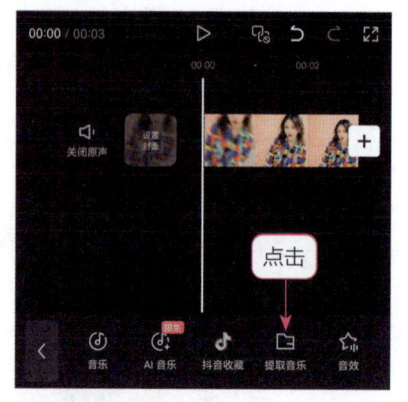

图 2-43 点击"提取音乐"按钮

步骤 05 进入"照片视频"界面，❶ 选择视频素材；❷ 点击"仅导入视频的声音"按钮，如图 2-44 所示，即可提取背景音乐。

步骤 06 点击"导出"按钮，如图 2-45 所示，导出视频。

图 2-44 选择视频提取声音

图 2-45 点击"导出"按钮

2.7 实例：使用"图文成片"功能生成视频

扫一扫，看效果

扫一扫，看视频

第 2 章　一键生成：AI 文案、图片、视频

【效果展示】在使用"图文成片"中的"智能匹配素材"功能时，只要输入文案或导入链接，系统就会自动为文字匹配视频、图片、音频和文字素材，在短时间内快速生成一个完整的短视频，效果如图 2-46 所示。

图 2-46 "图文成片"效果展示

下面介绍在剪映手机版中使用"图文成片"功能生成视频的操作方法。

步骤 01 打开剪映手机版，进入"剪辑"界面，点击"图文成片"按钮，如图 2-47 所示。

步骤 02 进入"图文成片"界面，选择"智能文案"面板中的"自定义主题"选项，如图 2-48 所示。

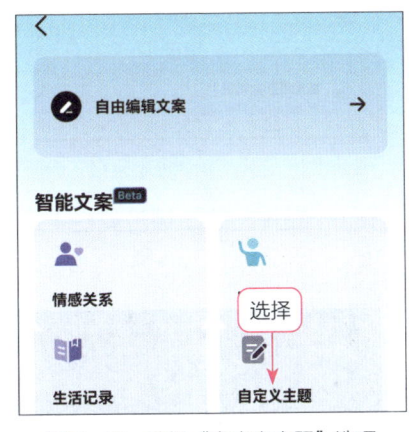

图 2-47 点击"图文成片"按钮　　图 2-48 选择"自定义主题"选项

步骤 03 弹出相应的面板，❶ 输入"多喝水的好处，60 字左右"；❷ 点击"生成"按钮，如图 2-49 所示。

步骤 04 稍等片刻，即可生成相应的文案，可以对文案进行润色、扩写或缩写等，确认文案后点击"应用"按钮，如图 2-50 所示。

步骤 05 弹出"请选择成片方式"面板，在其中选择"智能匹配素材"选项，如图 2-51 所示。

步骤 06 稍等片刻，即可生成一段视频，点击"文字"按钮，如图 2-52 所示。

037

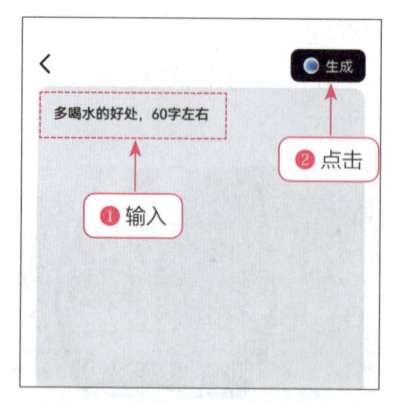

剪映视频剪辑/调色/字幕/配音/特效从入门到精通（手机版＋电脑版＋网页版）

图 2-49　输入 AI 文案生成条件

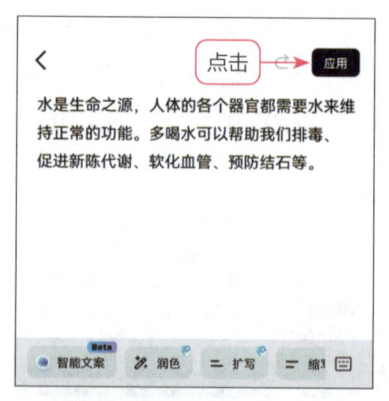

图 2-50　点击"应用"按钮

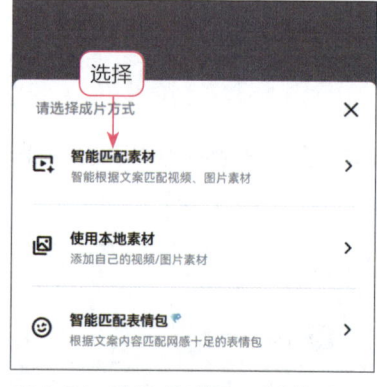

图 2-51　选择"智能匹配素材"选项

图 2-52　点击"文字"按钮

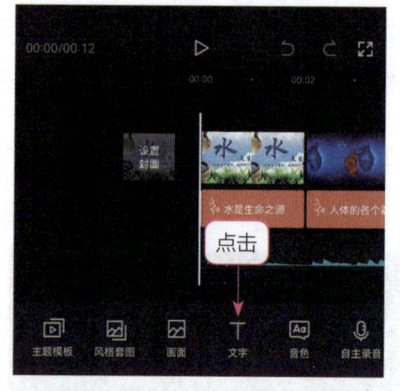

步骤 07 在弹出的二级工具栏中点击"编辑"按钮，如图 2-53 所示。

步骤 08 在"字体"|"热门"选项卡中选择合适的字体，如图 2-54 所示。

图 2-53　点击"编辑"按钮

图 2-54　选择合适的字体

步骤 09 ❶ 切换至"样式"选项卡；❷ 选择一个合适的样式；❸ 设置"字号"参数为 8，微微放大文字；❹ 点击 ✓ 按钮，如图 2-55 所示，对文字进行批量编辑。

038

步骤 10 为了编辑视频，点击"导入剪辑"按钮，如图2-56所示。

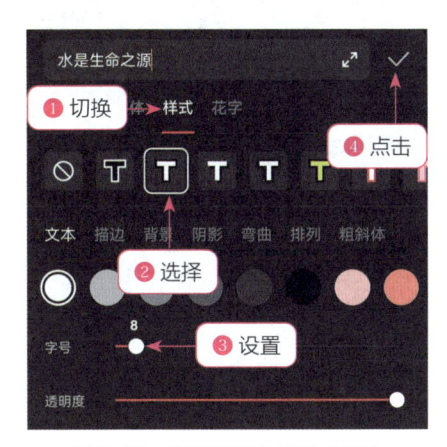

图2-55 批量设置字体样式参数

图2-56 点击"导入剪辑"按钮

步骤 11 进入视频编辑界面，点击第1段素材和第2段素材之间的"转场"按钮 | ，如图2-57所示。

步骤 12 弹出相应面板，❶切换至"叠化"选项卡；❷选择"水墨"转场；❸点击"全局应用"按钮，应用所有片段；❹点击✓按钮，如图2-58所示。

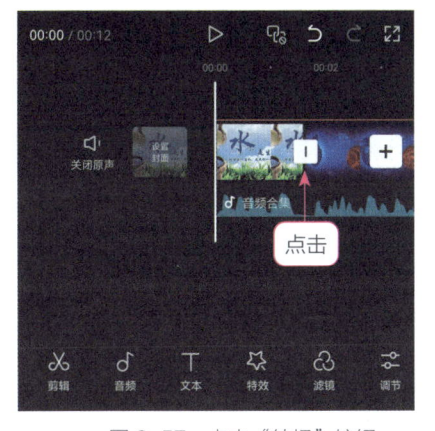

图2-57 点击"转场"按钮

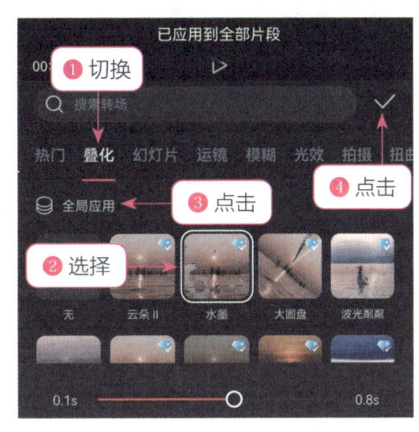

图2-58 批量设置转场效果

步骤 13 回到一级工具栏，点击"背景"按钮，如图2-59所示。

步骤 14 在弹出的二级工具栏中点击"画布模糊"按钮，如图2-60所示。

步骤 15 弹出"画布模糊"面板，❶选择第4个选项；❷点击"全局应用"按钮，为所有片段设置相同的背景，如图2-61所示。

步骤 16 操作完成后，点击"导出"按钮，如图2-62所示，导出视频。

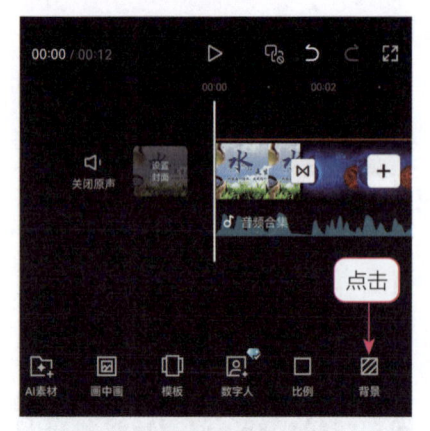

图2-59 点击"背景"按钮

图2-60 点击"画布模糊"按钮

图2-61 设置画布模糊

图2-62 点击"导出"按钮

第3章
色彩艺术：调出令人心动的网红色调

■ **本章要点**

　　如今，人们的欣赏眼光越来越高，喜欢追求更有创造性的短视频作品。因此，在后期对短视频的色调进行处理时，不仅要突出画面主体，还要表现出符合主题的艺术气息，实现完美的色调视觉效果。本章主要介绍在剪映手机版中进行调色的操作技巧。

3.1 认识滤镜界面

剪映的"滤镜"素材库中提供的滤镜非常丰富，而且能多种滤镜叠加使用，非常方便。下面将介绍剪映手机版中的滤镜界面。

步骤 01 在剪映手机版中导入相应的素材，在界面下方的一级工具栏中点击"滤镜"按钮，如图3-1所示。

步骤 02 进入"滤镜"素材库，如图3-2所示。在"精选"选项卡中有多款当下热门和常用的滤镜效果，如"清晰"滤镜、"晴肤"滤镜以及"透亮"滤镜等，风格多样、场景适用性强，可以减少用户挑选的时间。

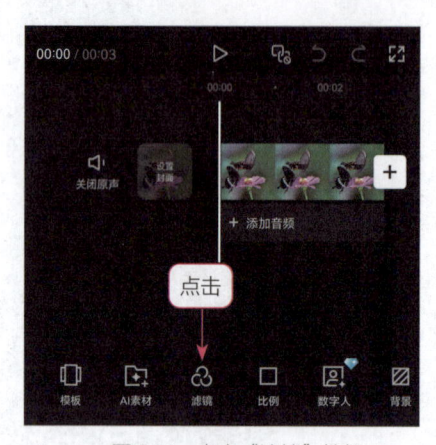

图3-1 点击"滤镜"按钮　　图3-2 进入"滤镜"素材库

步骤 03 ❶切换至"风格化"选项卡；❷选择适合视频画面的滤镜效果；❸拖曳滑块可以调整滤镜的使用程度，如图3-3所示。其中，参数越小表示滤镜的使用程度越低；参数越大表示滤镜的使用程度越高。

图3-3 拖曳滑块调整滤镜的使用程度

3.2 认识并了解色卡

色卡作为一款颜色预设工具,用于调色是非常新颖的,因此这是不常见却又非常实用的一款调色工具。在剪映中,运用色卡调色离不开混合模式的设置,二者相辅相成,都是剪映中实用的调色法宝。

在百科书中,对于色卡是这样解释的:"色卡是自然界存在的颜色在某种材质上的体现,用于色彩选择、比对、沟通,是色彩实现在一定范围内统一标准的工具。"各种与颜色有关的行业,都会有专用的色卡模板。在调色类别中,色卡则是一款底色工具,用于快速调出其他色调。图3-4所示为单色色卡和渐变色卡的模板。

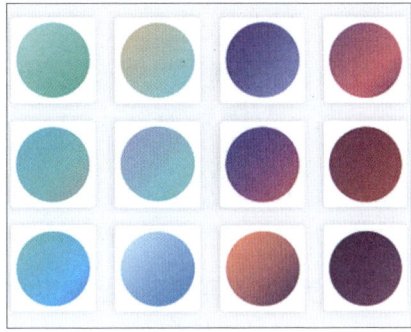

（a）单色色卡　　　　（b）渐变色卡

图3-4　单色色卡和渐变色卡的模板

24色标准色卡中的色彩都是常见的色彩,主要有钛白、柠檬黄、土黄、橘黄、橘红、朱红、大红、酞青绿、浅绿、黄绿、粉绿、翠绿、草绿、天蓝、湖蓝、钴蓝、群青、酞青蓝、紫色、赭石、熟褐、生褐、肉色及黑色,如图3-5所示。

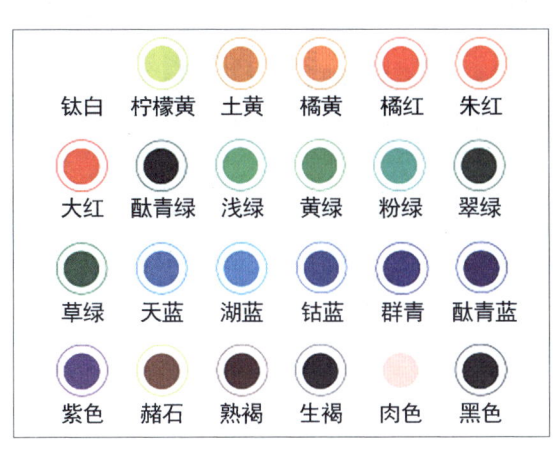

图3-5　24色标准色卡

3.3 实例：暖系灯光，色卡渲染简单实用

扫一扫，看效果　　　　　　扫一扫，看视频

【效果对比】暖系灯光色调主要是用色卡渲染而成的，因此调色方法比较简单。这个色调适合画面留白较多，背景为纯色的视频。原图与效果图对比如图3-6所示。

图3-6　原图与效果图对比

下面介绍使用剪映手机版调出暖系灯光色调的操作方法。

步骤 01 在剪映手机版中导入一段视频素材，❶ 拖曳时间轴至视频2秒左右的位置；❷ 在一级工具栏中点击"画中画"按钮，如图3-7所示。

步骤 02 在弹出的二级工具栏中点击"新增画中画"按钮，如图3-8所示。

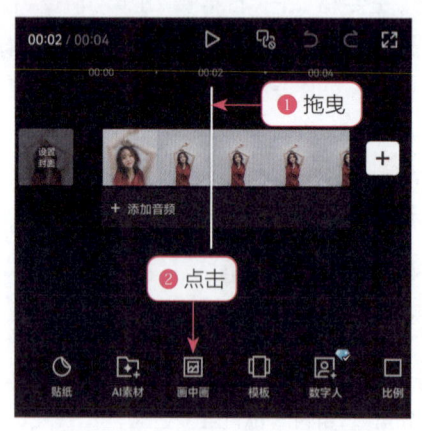

图3-7　点击"画中画"按钮　　　　图3-8　点击"新增画中画"按钮

步骤 03 进入"照片视频"界面，❶ 在"照片"选项卡中选择日落灯色卡素材；❷ 选中"高清"复选框；❸ 点击"添加"按钮，如图3-9所示，添加色卡素材。

第 3 章 色彩艺术：调出令人心动的网红色调

步骤 04 将日落灯色卡素材添加到画中画轨道中，并调整色卡的时长，使其对齐人物视频的末尾位置，如图 3-10 所示。

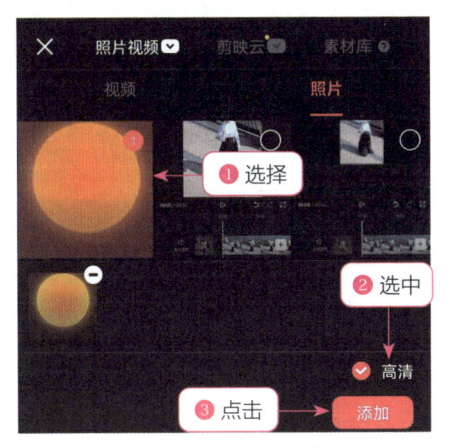

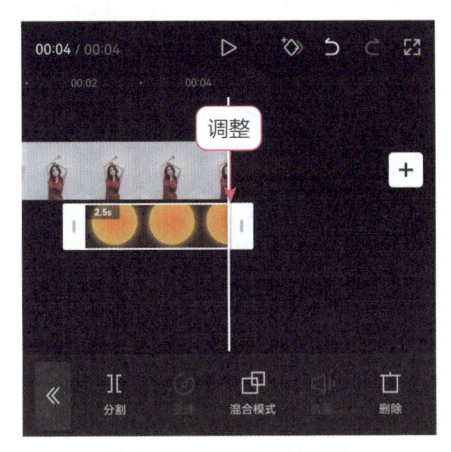

图 3-9 添加色卡素材

图 3-10 调整色卡的时长

步骤 05 在预览窗口中调整色卡素材的画面大小和位置，使其盖住人像，如图 3-11 所示。

步骤 06 执行上述操作后，在界面下方的工具栏中点击"混合模式"按钮，如图 3-12 所示。

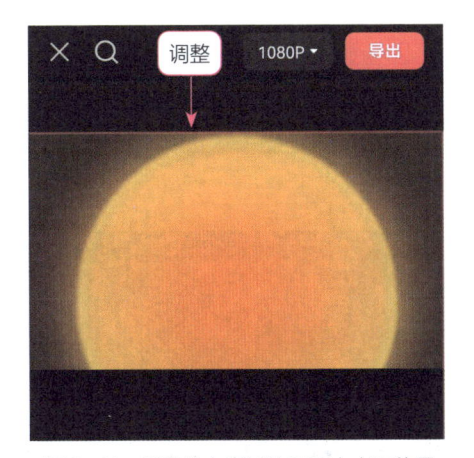

图 3-11 调整色卡素材的画面大小和位置

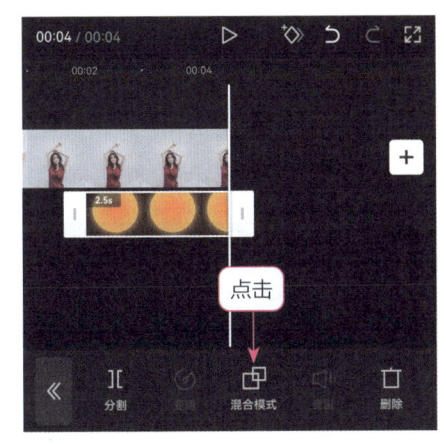

图 3-12 点击"混合模式"按钮

步骤 07 进入"混合模式"界面，❶选择"正片叠底"选项；❷点击 ✓ 按钮，如图 3-13 所示，即可完成暖系灯光色调视频的制作。

步骤 08 操作完成后，点击"导出"按钮，如图 3-14 所示，导出视频。

图 3-13 选择"正片叠底"选项

图 3-14 点击"导出"按钮

3.4 实例：黑金色调，去掉杂色化繁为简

扫一扫，看效果　　　　扫一扫，看视频

【效果对比】"黑金"滤镜主要是通过将红色与黄色的色相向橙红偏移，来保留画面中的红、橙、黄这 3 种颜色的饱和度，同时降低其他色彩的饱和度，最终让整个视频画面中只存在两种颜色——黑色和金色，让视频画面显得更有质感。原图与效果图对比如图 3-15 所示。

图 3-15 原图与效果图对比

下面介绍使用剪映手机版调出黑金色调的操作方法。

步骤 01 在剪映手机版中导入一段视频素材，❶ 选择视频素材；❷ 点击"滤镜"按钮，如图 3-16 所示。

步骤 02 进入"滤镜"界面，❶ 切换至"黑白"选项卡；❷ 选择"黑金"滤镜；❸ 设置"黑金"滤镜参数为 100，如图 3-17 所示，将滤镜的使用程度调到最大。

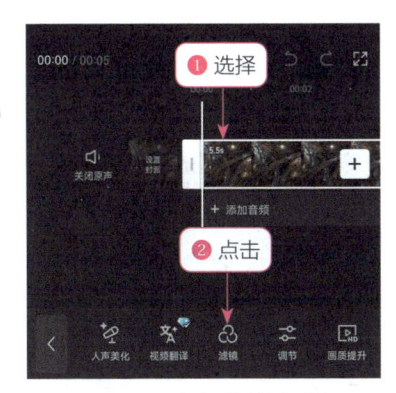

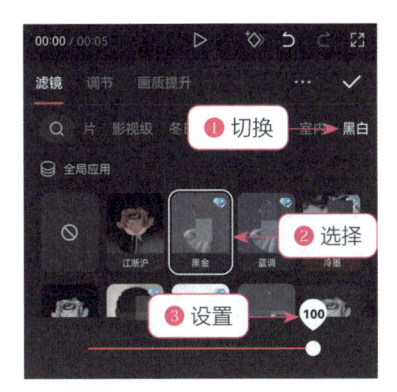

第3章 色彩艺术：调出令人心动的网红色调

图 3-16 点击"滤镜"按钮　　图 3-17 设置"黑金"滤镜参数

步骤 03 ❶切换至"调节"选项卡；❷选择"亮度"选项；❸拖曳滑块，将参数设置为 7，如图 3-18 所示，稍微调高画面的整体亮度。

步骤 04 ❶选择"饱和度"选项；❷拖曳滑块，将参数设置为 12，如图 3-19 所示，将整体画面的颜色浓度调高一些。

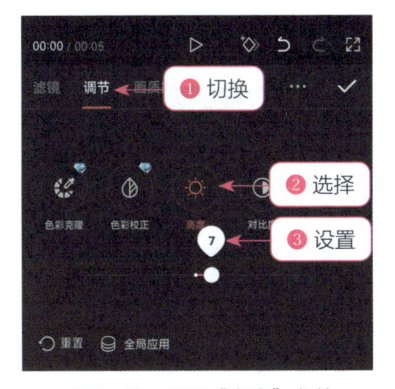

图 3-18 设置"亮度"参数　　图 3-19 设置"饱和度"参数

步骤 05 ❶选择"锐化"选项；❷拖曳滑块，将参数设置为 28，如图 3-20 所示，使画面中的线条、棱角更加清晰。

步骤 06 ❶选择"高光"选项；❷拖曳滑块，将参数设置为 8，如图 3-21 所示，将画面中较亮的区域调得更亮一点。

图 3-20 设置"锐化"参数　　图 3-21 设置"高光"参数

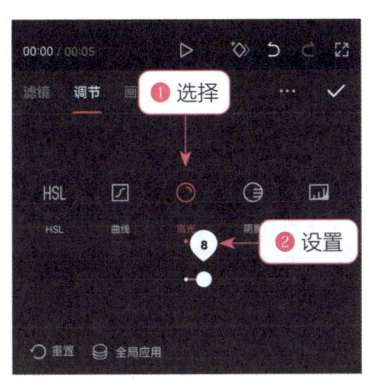

047

步骤 07 ❶ 选择"色调"选项；❷ 拖曳滑块，将参数设置为 28，如图 3-22 所示，使画面偏暖色调。

步骤 08 点击 ✓ 按钮，返回一级工具栏，点击"画中画"按钮，如图 3-23 所示。

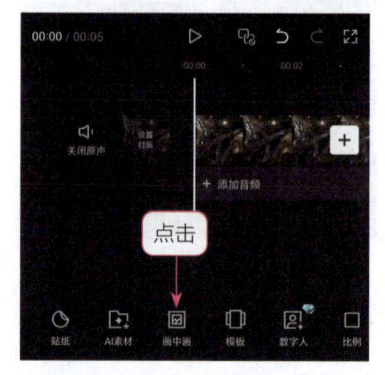

图 3-22 设置"色调"参数　　图 3-23 点击"画中画"按钮

步骤 09 进入二级工具栏，点击"新增画中画"按钮，如图 3-24 所示。

步骤 10 进入"照片视频"界面，❶ 在"视频"选项卡中选择素材；❷ 选中"高清"复选框；❸ 点击"添加"按钮，如图 3-25 所示，添加视频。

图 3-24 点击"新增画中画"按钮　　图 3-25 选择素材导入

步骤 11 在预览区域放大视频画面，使其铺满整个屏幕，如图 3-26 所示。

步骤 12 在二级工具栏中点击"蒙版"按钮，如图 3-27 所示。

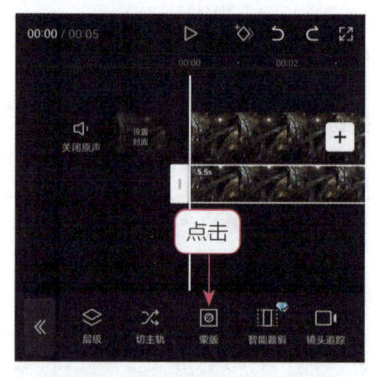

图 3-26 放大视频画面　　图 3-27 点击"蒙版"按钮（1）

步骤 13 进入"蒙版"界面,选择"线性"蒙版,如图 3-28 所示。

步骤 14 在预览区域将蒙版顺时针旋转 90°,如图 3-29 所示。

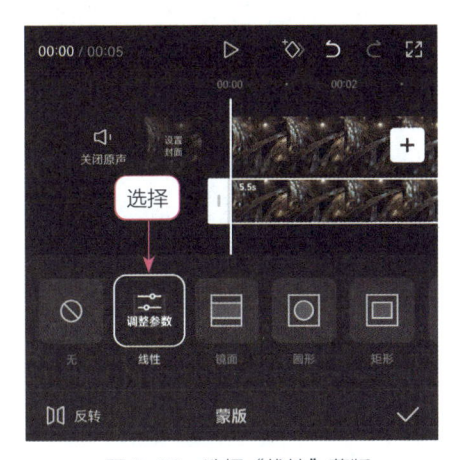

图 3-28 选择"线性"蒙版

图 3-29 将蒙版旋转 90°

步骤 15 执行操作后,将蒙版拖曳至画面的最左侧,如图 3-30 所示。

步骤 16 ❶ 拖曳时间轴至视频 1 秒左右的位置;❷ 点击"添加关键帧"按钮,如图 3-31 所示。

图 3-30 将蒙版拖曳至画面的最左侧

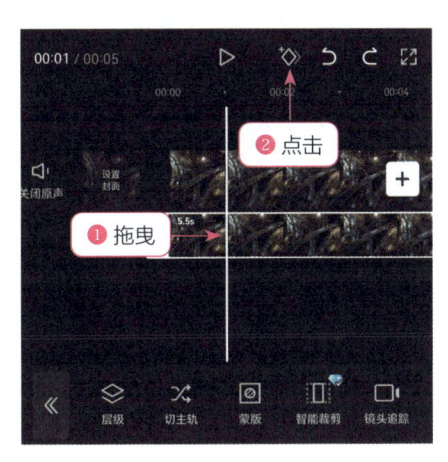

图 3-31 点击相应按钮

步骤 17 执行操作后,❶ 添加一个关键帧;❷ 拖曳时间轴至 3 秒左右的位置;❸ 点击"蒙版"按钮,如图 3-32 所示。

步骤 18 在预览区域将蒙版拖曳至画面的最右侧,如图 3-33 所示,此时在时间轴的位置处会自动添加一个关键帧。

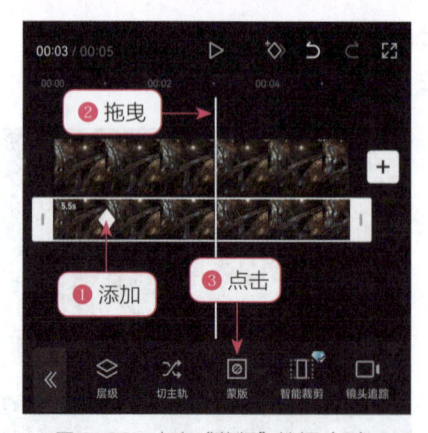

图 3-32　点击"蒙版"按钮（2）　　　　图 3-33　将蒙版拖曳至画面的最右侧

步骤 19 执行操作后，即可制作原图与效果图的划屏对比视频，如图 3-34 所示。

图 3-34　制作原图与效果图的划屏对比视频

3.5 实例：森系色调，墨绿色彩氛围感强

扫一扫，看效果　　　　　　　　　扫一扫，看视频

【**效果对比**】森系色调的特点是偏墨绿色，是颜色比较暗的一种绿色，这种色调能够让视频中的植物看起来更加有质感，使植物、树木等看起来更加茂盛、鲜活，营造出一种清新、自然的氛围。原图与效果图对比如图 3-35 所示。

第 3 章 色彩艺术：调出令人心动的网红色调

图 3-35 原图与效果图对比

下面介绍使用剪映手机版调出森系色调的操作方法。

步骤 01 在剪映手机版中导入一段视频素材，❶ 选择视频；❷ 点击"滤镜"按钮，如图 3-36 所示，即可进入"滤镜"素材库。

步骤 02 ❶ 切换至"复古胶片"选项卡；❷ 选择"松果棕"滤镜；❸ 设置"松果棕"滤镜参数为 100，将滤镜的使用程度调到最大，如图 3-37 所示。

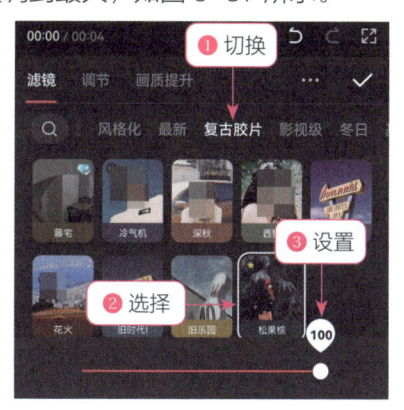

图 3-36 点击"滤镜"按钮　　图 3-37 设置参数为 100

步骤 03 ❶ 切换至"调节"选项卡；❷ 设置"饱和度"参数为 8，如图 3-38 所示，将画面的颜色浓度调高一些。

步骤 04 设置"色温"参数为 -33，如图 3-39 所示，让画面偏冷色调。

图 3-38 设置"饱和度"参数　　图 3-39 设置"色温"参数

051

步骤 05 设置"色调"参数为 -20，如图 3-40 所示，让画面偏蓝绿色调，突出绿色，调出墨绿色调。

步骤 06 执行上述操作后，点击"导出"按钮，如图 3-41 所示，即可导出视频。

图 3-40　设置"色调"参数　　　　图 3-41　点击"导出"按钮

> ➡ **温馨提醒**
>
> 上述内容主要为了介绍调色方法，至于调色的相应参数，仅适用于本案例中的视频，用户在对其他视频进行调色时，需要根据视频的实际情况进行调整，注意画面整体的和谐。

3.6 实例：AI 调色，自动调出合适色彩

扫一扫，看效果　　　　扫一扫，看视频

【效果对比】如果视频画面过曝或者欠曝，色彩也不够鲜艳，就可以使用"智能调色"功能，为画面进行自动调色，用户还可以通过调整相应的参数，让视频画面更靓丽一些。原图与效果图对比如图 3-42 所示。

图 3-42　原图与效果图对比

第 3 章 色彩艺术：调出令人心动的网红色调

下面介绍在剪映手机版中使用"智能调色"功能进行调色的操作方法。

步骤 01 在剪映手机版中导入视频素材，❶ 选择视频；❷ 点击"调节"按钮，如图 3-43 所示。

步骤 02 进入"调节"选项卡，选择"智能调色"选项，进行快速调色，优化视频画面，如图 3-44 所示。

图 3-43 点击"调节"按钮

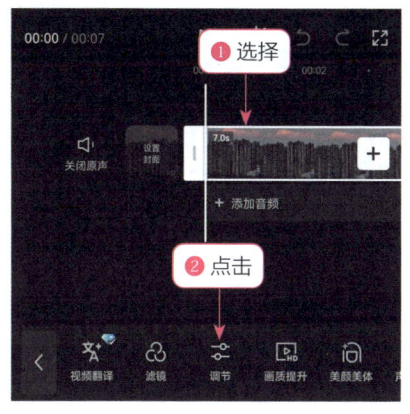

图 3-44 选择"智能调色"选项

步骤 03 为了继续调整视频画面，❶ 选择"饱和度"选项；❷ 拖曳滑块，将参数设置为 15，如图 3-45 所示，让画面色彩变得鲜艳一些。

步骤 04 ❶ 选择"光感"选项；❷ 拖曳滑块，将参数设置为 6，如图 3-46 所示，增加画面曝光度。

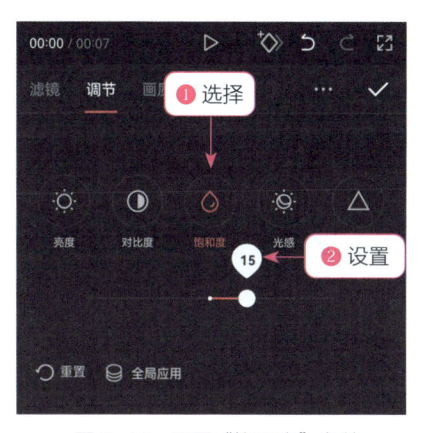

图 3-45 设置"饱和度"参数

图 3-46 设置"光感"参数

步骤 05 ❶ 选择"色温"选项；❷ 拖曳滑块，将参数设置为 15，如图 3-47 所示，让画面偏暖色调。

步骤 06 ❶ 选择"色调"选项；❷ 拖曳滑块，将参数设置为 15，如图 3-48 所示，让画面偏紫调，使云霞更好看。

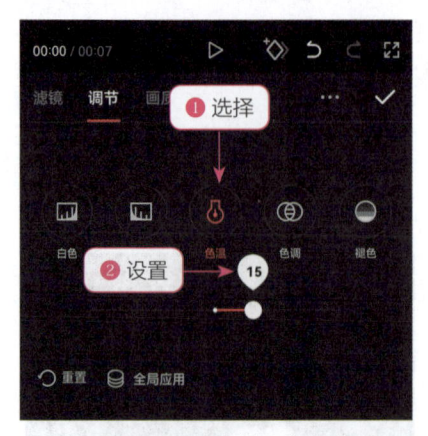

图 3-47 设置"色温"参数　　图 3-48 设置"色调"参数

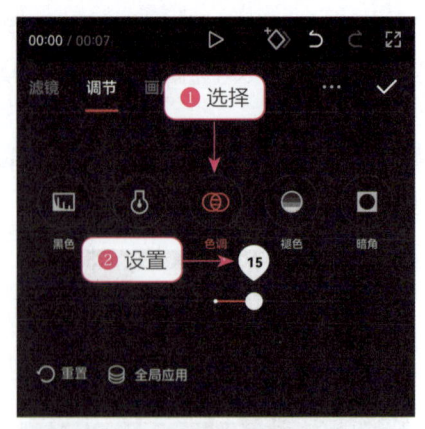

3.7 实例：使用"色彩克隆"功能调出和谐色彩

扫一扫，看效果　　扫一扫，看视频

【效果对比】在日常拍摄中，不同时间段拍摄出来的视频，往往会存在画面色彩或亮度等不统一的情况，使用"色彩克隆"功能可以快速实现色彩的统一。原图与效果图对比如图 3-49 所示。

图 3-49　原图与效果图对比

下面介绍在剪映手机版中使用"色彩克隆"功能进行调色的操作方法。

步骤 01 在剪映手机版中导入两段素材，❶ 选择需要调色的素材；❷ 点击"调节"按钮，如图 3-50 所示。

步骤 02 进入"调节"面板，选择"色彩克隆"选项，如图 3-51 所示。

步骤 03 弹出相应的面板，点击"设置为目标图像"按钮，将第 1 段素材设置为目标图像，如图 3-52 所示。

第 3 章 色彩艺术：调出令人心动的网红色调

步骤 04 在"色彩克隆"面板中设置"强度"参数为 100，使克隆目标与克隆源的色调一致，如图 3-53 所示。

图 3-50 点击"调节"按钮

图 3-51 选择"色彩克隆"选项

图 3-52 点击"设置为目标图像"按钮

图 3-53 设置"强度"参数

步骤 05 执行操作后，回到"调节"界面，设置"饱和度"参数为 10，让画面色彩变得鲜艳一些，如图 3-54 所示。

步骤 06 设置"锐化"参数为 20，让画面变得清晰一些，如图 3-55 所示。

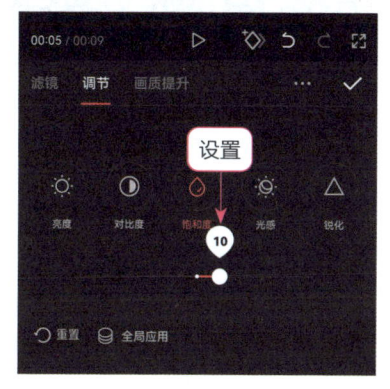

图 3-54 设置"饱和度"参数

图 3-55 设置"锐化"参数

055

步骤 07 设置"色温"参数为 -10，让画面偏冷色调，如图 3-56 所示。

步骤 08 点击 ✓ 按钮，回到一级工具栏，点击两段素材中间的"转场"按钮1，如图 3-57 所示。

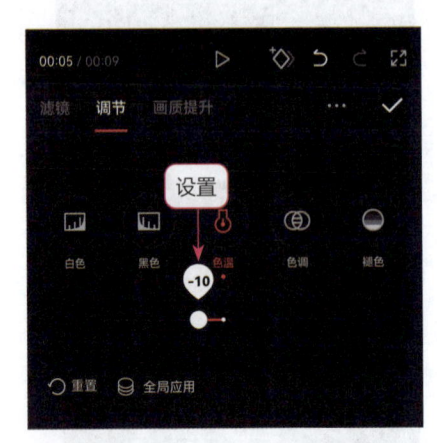

图 3-56 设置"色温"参数

图 3-57 点击"转场"按钮

步骤 09 弹出相应的面板，❶选择"运镜"选项卡中的"推近"选项；❷设置运镜时长为 2.1s，调节转场的时长，如图 3-58 所示。

步骤 10 点击 ✓ 按钮，回到一级工具栏，❶拖曳时间轴至素材起始位置；❷点击"音频"按钮，如图 3-59 所示。

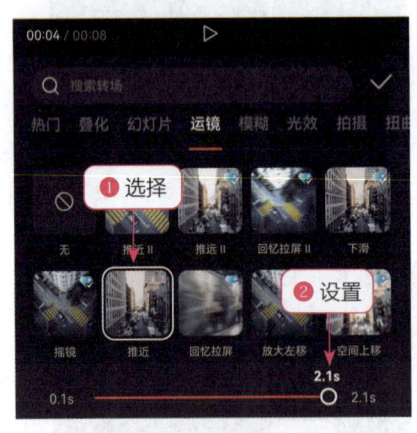

图 3-58 设置运镜时长

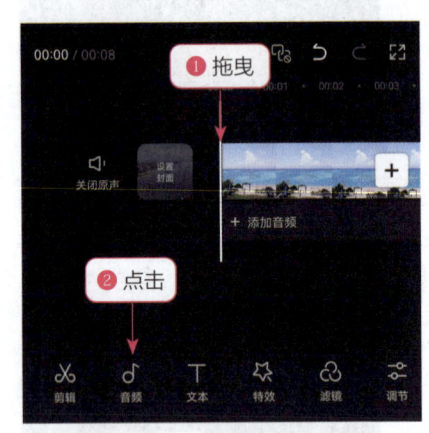

图 3-59 点击"音频"按钮

步骤 11 在弹出的二级工具栏中点击"音乐"按钮，如图 3-60 所示。

步骤 12 进入"音乐"界面，❶在搜索栏中输入并搜索歌曲名称；❷点击所选音乐右侧的"使用"按钮，如图 3-61 所示。

步骤 13 添加音乐后，❶拖曳时间轴至素材末尾位置；❷点击"分割"按钮，分割音频；❸点击"删除"按钮，如图 3-62 所示，删除多余的音频素材。

第3章 色彩艺术：调出令人心动的网红色调

步骤 14 操作完成后，点击"导出"按钮，如图3-63所示，导出视频。

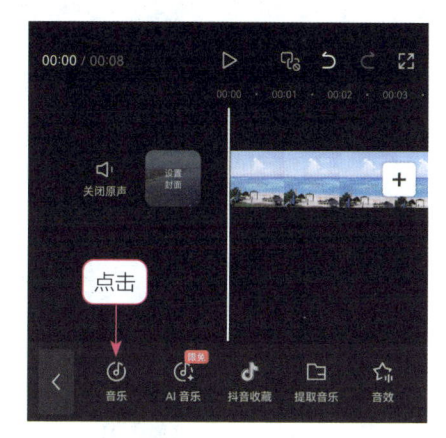

图3-60 点击"音乐"按钮

图3-61 选择音乐素材

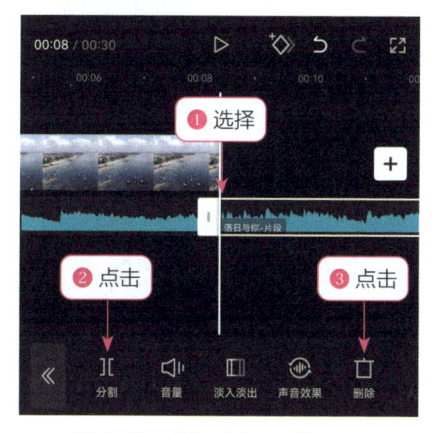

图3-62 删除多余的音频素材

图3-63 点击"导出"按钮

➡ 温馨提醒

用户在使用"色彩克隆"功能时，需要注意确保目标素材的色调与想要克隆的素材相契合，并调整适当的强度，以达到预期的视觉效果。

057

第 4 章

字幕效果：让视频更加专业

■ **本章要点**

　　我们在刷短视频时，经常会看到很多短视频中都添加了字幕效果，或用于歌词，或用于语音解说，让观众在短短几秒内就能看懂更多视频内容。本章将重点介绍在剪映手机版中创建字幕、制作字幕动画效果的操作方法。

4.1 认识字幕编辑界面

如何让视频内容更加直观易懂？在剪映中，创建字幕是一个实现起来简单而效果显著的强大功能。它不仅能让视频内容更加直观易懂，还能提升观看体验。下面将介绍剪映手机版中的字幕编辑界面。

步骤 01 在剪映手机版中导入一段素材，在一级工具栏中点击"文本"按钮，如图4-1所示。

步骤 02 进入二级工具栏，在其中显示了"新建文本""添加贴纸""识别字幕""文字模板""识别歌词"等按钮，如图4-2所示。

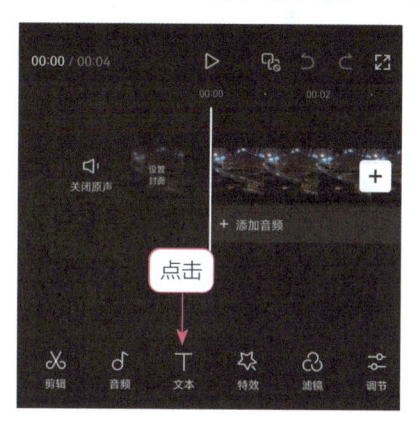

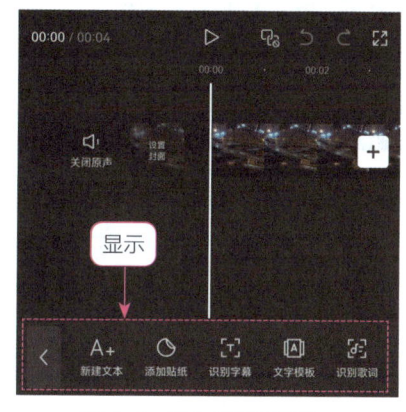

图4-1 点击"文本"按钮　　　图4-2 进入二级工具栏

步骤 03 在二级工具栏中点击"新建文本"按钮，即可进入文字编辑界面，在"字体"选项卡中，可以设置文字的字体，如图4-3所示。

步骤 04 切换至"样式"选项卡，如图4-4所示。在其中可以设置文字的文本颜色、描边、发光、背景、阴影、弯曲、排列及粗斜体等。

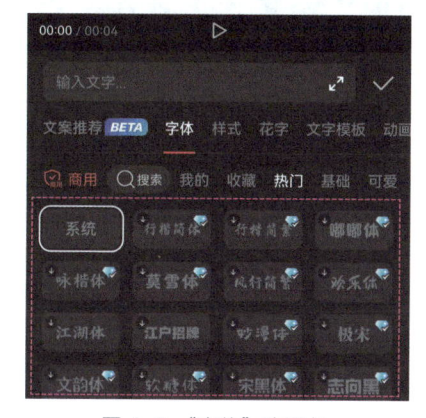

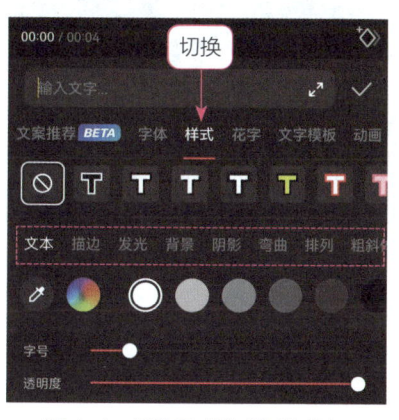

图4-3 "字体"选项卡　　　图4-4 切换至"样式"选项卡

步骤 05 切换至"花字"选项卡,如图4-5所示,可以为文字设置花字样式等。

步骤 06 切换至"文字模板"选项卡,如图4-6所示,其中为用户提供了非常丰富的文字模板样式,用户可以直接套用模板,修改模板中的文字即可制作出美观精致的字幕效果。

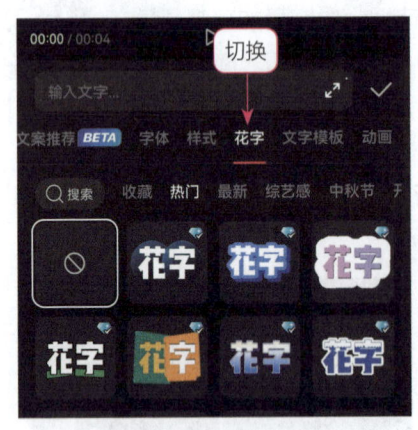

图4-5 切换至"花字"选项卡

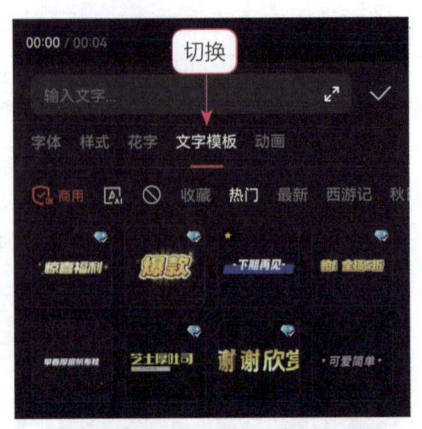

图4-6 切换至"文字模板"选项卡

步骤 07 切换至"动画"选项卡,如图4-7所示,可以为文字添加入场动画、出场动画及循环动画,使文字具有运动效果。

步骤 08 在二级工具栏中点击"添加贴纸"按钮,即可进入贴纸素材库,如图4-8所示。其中为用户提供了各式各样的贴纸素材,使用贴纸可以丰富视频画面,让视频变得更加生动、有趣。

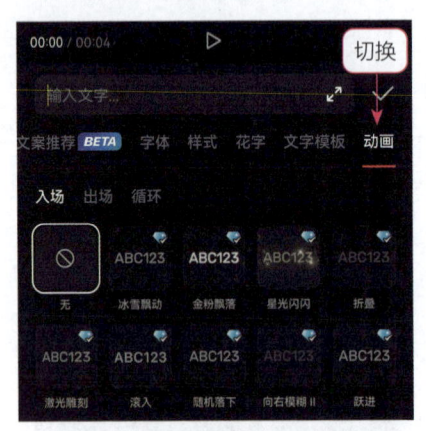

图4-7 切换至"动画"选项卡

图4-8 贴纸素材库

步骤 09 在二级工具栏中点击"识别字幕"按钮,会弹出"识别字幕"面板,如图4-9所示。点击"开始识别"按钮,系统可以识别视频或音频中的人声,并生成文本字幕。

第 4 章　字幕效果：让视频更加专业

步骤 10 在二级工具栏中点击"识别歌词"按钮，会弹出"识别歌词"面板，如图 4-10 所示。点击"开始匹配"按钮，系统可以识别视频或音频中的背景音乐，并生成歌词字幕。

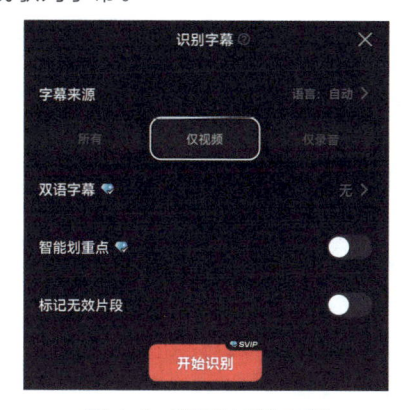

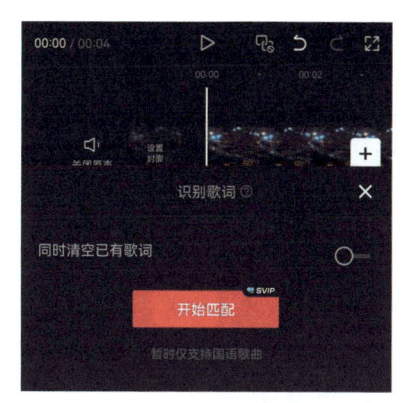

图 4-9　"识别字幕"面板　　　　图 4-10　"识别歌词"面板

4.2 掌握创建字幕的方法

无论是通过 AI 自动识别视频内容来生成文案，还是手动输入文字，或者利用精美的文字模板，都能让视频瞬间提升专业度，吸引更多目光。

用户在创建字幕时，可以使用剪映手机版中的 AI 自动写文案功能和文字编辑功能，制作各种精彩的文字效果，如智能包装文案、添加文字模板、制作文字消散效果以及 AI 识别歌词字幕等内容。下面将介绍在剪映手机版中创建字幕的操作方法。

扫一扫，看视频

步骤 01 在剪映手机版中，创建字幕的方法非常简单，用户只需依次点击工具栏中的"文本"按钮和"新建文本"按钮，即可进入文字编辑界面，在文本框中输入文本内容，如图 4-11 所示。

步骤 02 在预览区域通过手指操作来调整文本的位置和大小，如图 4-12 所示。

图 4-11　输入文本内容　　　　图 4-12　调整文本的位置和大小

061

步骤 03 点击 ✓ 按钮，即可在字幕轨道中创建一个文本，如图 4-13 所示。在界面下方的工具栏中，可以对文本进行分割、复制、编辑、删除、添加数字人、文本朗读及智能分句等操作。

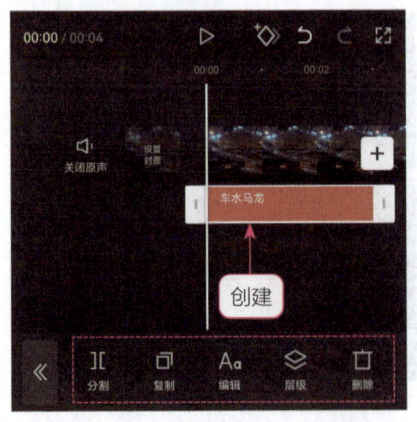

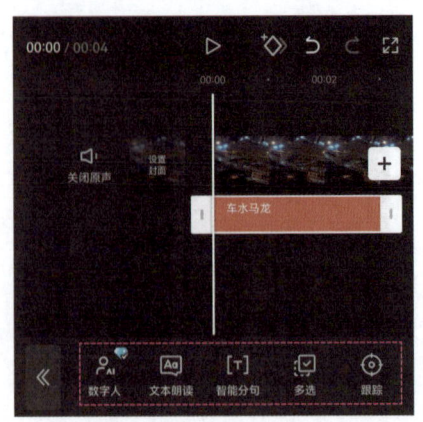

图 4-13 创建一个文本

4.3 实例：智能包装文案

扫一扫，看效果　　　　扫一扫，看视频

【效果展示】所谓"包装"，是指让视频的内容更加丰富、形式更加多样。剪映手机版中的"智能包装"功能，可以一键为视频添加文字并进行包装，效果如图 4-14 所示。

图 4-14 "智能包装"效果展示

下面介绍在剪映手机版中使用"智能包装"功能的操作方法。

步骤 01 在剪映手机版中导入一段视频素材，在一级工具栏中点击"文本"按钮，如图 4-15 所示。

第4章 字幕效果：让视频更加专业

步骤 02 在弹出的二级工具栏中点击"智能包装"按钮，如图4-16所示。

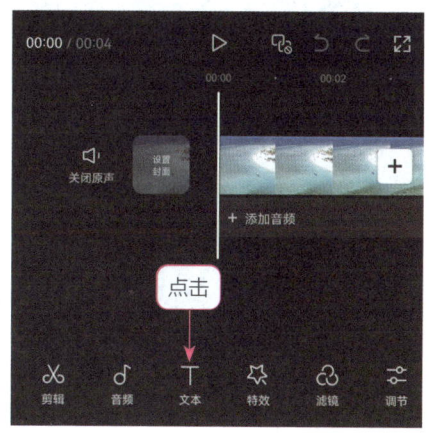

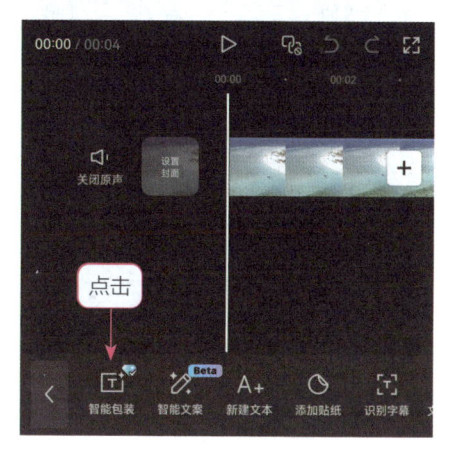

图4-15 点击"文本"按钮　　　　图4-16 点击"智能包装"按钮

> 温馨提醒
>
> 在导入素材时，如果想要提升智能包装文案的成功率，尽量使用时长少于10秒，且画质清晰、有背景音乐的素材。

步骤 03 弹出相应的进度提示，如图4-17所示。
步骤 04 稍等片刻，即可生成智能文字模板，点击"编辑"按钮，如图4-18所示。

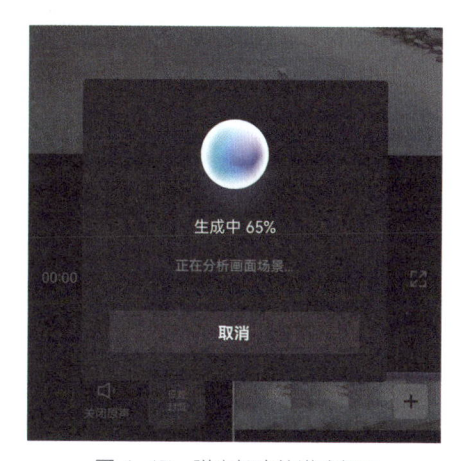

图4-17 弹出相应的进度提示　　　　图4-18 点击"编辑"按钮

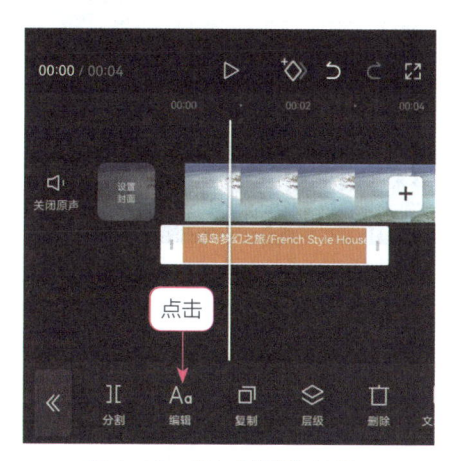

步骤 05 弹出相应的面板，为了修改英文文字，点击 按钮，如图4-19所示。
步骤 06 ❶修改英文文字；❷点击 按钮，如图4-20所示，确认操作。

063

图 4-19 点击相应按钮　　　　　图 4-20 修改英文字体

步骤 07 为了调整视频的时长，❶ 选择视频素材；❷ 在文字素材的末尾位置点击"分割"按钮，分割视频；❸ 点击"删除"按钮，如图 4-21 所示，即可删除多余的视频片段。

步骤 08 点击"导出"按钮，如图 4-22 所示，即可导出视频。

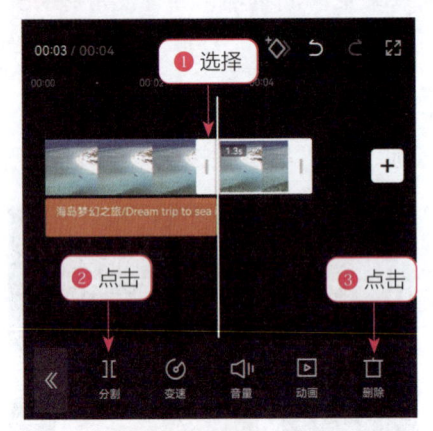

图 4-21 删除视频多余部分　　　　图 4-22 点击"导出"按钮

4.4 实例：添加文字模板

扫一扫，看效果　　　　　　　　扫一扫，看视频

【效果展示】在剪映手机版中有许多新颖美观的文字模板，一键即可套用，让视频内容更加丰富，如图 4-23 所示。

第 4 章　字幕效果：让视频更加专业

图 4-23　套用文字核模板效果展示

下面介绍在剪映手机版中添加文字模板的操作方法。

步骤 01 在剪映手机版中导入一段视频素材，在一级工具栏中点击"文本"按钮，如图 4-24 所示。

步骤 02 在弹出的二级工具栏中点击"新建文本"按钮，如图 4-25 所示。

图 4-24　点击"文本"按钮 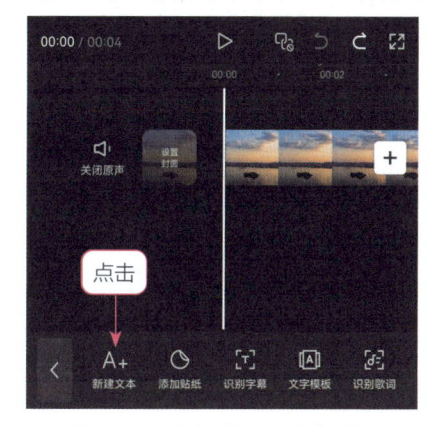　　　图 4-25　点击"新建文本"按钮

步骤 03 弹出相应的面板，❶ 输入文案；❷ 切换至"文字模板"|"热门"选项卡；❸ 选择一款合适的文字模板，如图 4-26 所示。

步骤 04 ❶ 在预览区域中调整文字的大小和位置；❷ 点击 ✓ 按钮，如图 4-27 所示，确认操作。

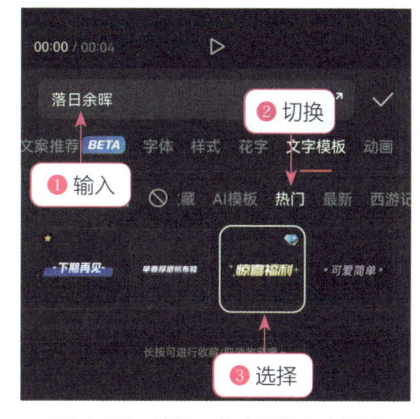

图 4-26　选择一款合适的文字模板 　　　图 4-27　调整文本位置并确认

065

步骤 05 调整文字的时长，使其对齐视频的时长，如图 4-28 所示。

步骤 06 操作完成后，点击"导出"按钮，如图 4-29 所示，导出视频。

图 4-28 调整文字的时长

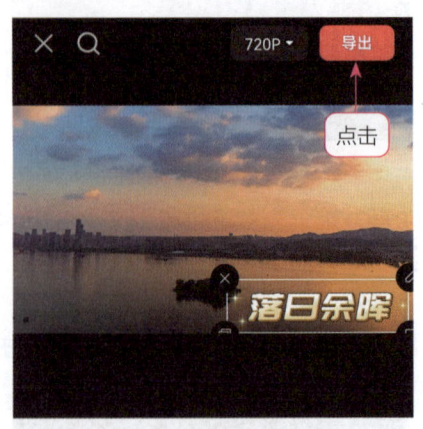

图 4-29 点击"导出"按钮

4.5 实例：制作文字消散效果

扫一扫，看效果

扫一扫，看视频

【效果展示】文字消散是一种非常浪漫且唯美的字幕效果，文字缓缓上滑，接着变成白色粒子飞散消失，如图 4-30 所示。

图 4-30 文字消散效果展示

下面介绍在剪映手机版中制作文字消散效果的操作方法。

步骤 01 在剪映手机版中导入一段视频素材，在一级工具栏中点击"文本"按钮，如图 4-31 所示。

步骤 02 进入二级工具栏，点击"新建文本"按钮，如图 4-32 所示。

步骤 03 弹出相应的面板，❶ 输入文字内容；❷ 在"字体"|"热门"选项卡中

选择一款合适的字体，如图 4-33 所示。

步骤 04 在预览区域中拖曳文本框，调整文本的大小和位置，如图 4-34 所示。

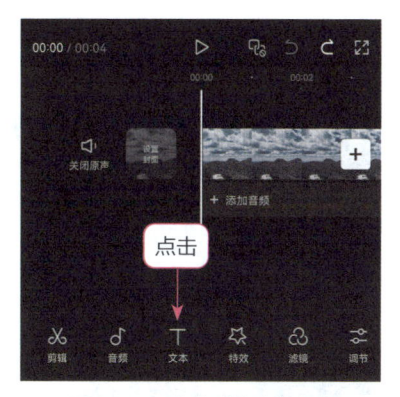

图 4-31　点击"文本"按钮 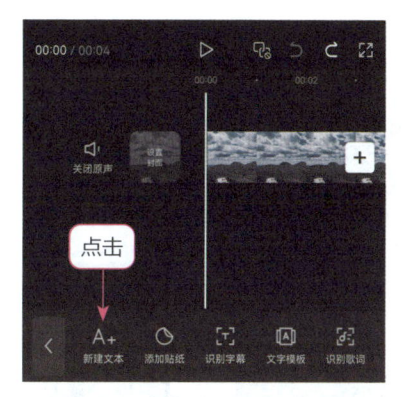　　　　图 4-32　点击"新建文本"按钮

图 4-33　选择一款合适的字体 　　　图 4-34　调整文本的大小和位置

步骤 05 ❶ 切换至"动画"选项卡；❷ 在"入场"选项卡中选择"汇聚"动画效果；❸ 设置动画时长为 1.1s，如图 4-35 所示，调整文字动画的时长。

步骤 06 ❶ 切换至"出场"选项卡；❷ 选择"打字机 II"动画效果；❸ 设置动画时长为 1.6s，如图 4-36 所示，调整文字动画的时长。

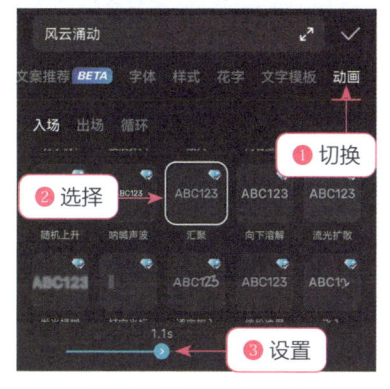

图 4-35　设置入场动画 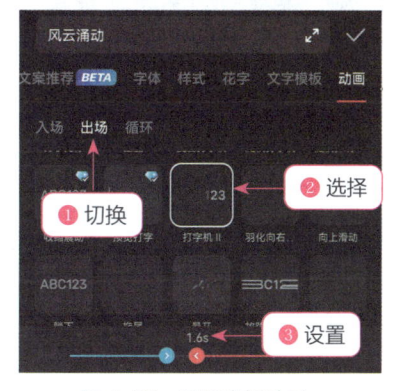　　　　　图 4-36　设置出场动画

067

步骤 07 点击✓按钮，返回一级工具栏，依次点击"画中画"按钮和"新增画中画"按钮，如图4-37所示。

步骤 08 进入"照片视频"界面，❶选择粒子素材；❷点击"添加"按钮，如图4-38所示，添加素材。

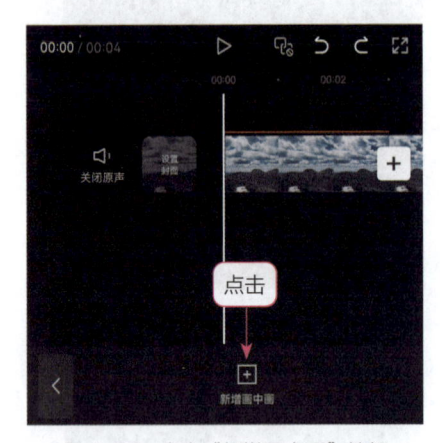

图4-37 点击"新增画中画"按钮

图4-38 点击"添加"按钮

步骤 09 执行操作后，点击下方工具栏中的"混合模式"按钮，如图4-39所示。

步骤 10 进入"混合模式"界面，选择"滤色"选项，如图4-40所示，执行操作后，即可去除粒子素材中的黑色背景，留下白色的粒子。

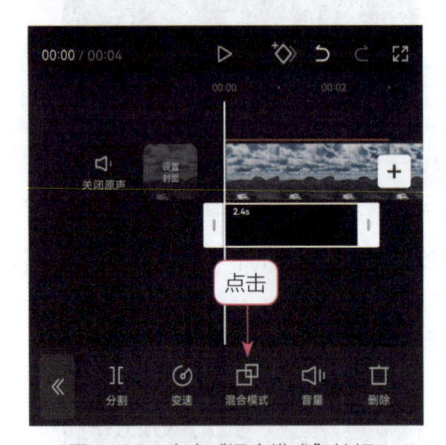

图4-39 点击"混合模式"按钮

图4-40 选择"滤色"选项

步骤 11 点击✓按钮返回，拖曳画中画轨道中的粒子素材至第1个文字即将消失的位置，如图4-41所示。

步骤 12 在预览区域中调整粒子素材的画面大小和位置，如图4-42所示。

图 4-41　拖曳粒子素材至相应的位置 　　　图 4-42　调整粒子素材的画面大小和位置

4.6　实例：识别视频自带字幕

扫一扫，看效果　　　　　　　　扫一扫，看视频

【效果展示】剪映手机版中的"识别字幕"功能可以识别视频中自带的字幕，自动生成在视频画面的下方，帮助用户快速制作出字幕效果，效果如图 4-43 所示。

图 4-43　"识别字幕"功能效果展示

下面介绍在剪映手机版中使用"识别字幕"功能识别字幕的操作方法。

步骤 01　在剪映手机版中导入一段视频素材，点击"文本"按钮，如图 4-44 所示。

步骤 02　在弹出的二级工具栏中点击"识别字幕"按钮，如图 4-45 所示。

步骤 03　弹出"识别字幕"面板，点击"开始识别"按钮，如图 4-46 所示，开始识别视频中的字幕。

步骤 04　识别出字幕之后，点击"编辑字幕"按钮，如图 4-47 所示。

步骤 05　弹出相应的面板，❶ 选择第 1 段字幕；❷ 点击 Aa 按钮，如图 4-48 所示。

步骤 06　进入相应界面，❶ 切换至"文字模板"|"文案"选项卡；❷ 选择合适的文字模板，如图 4-49 所示。

069

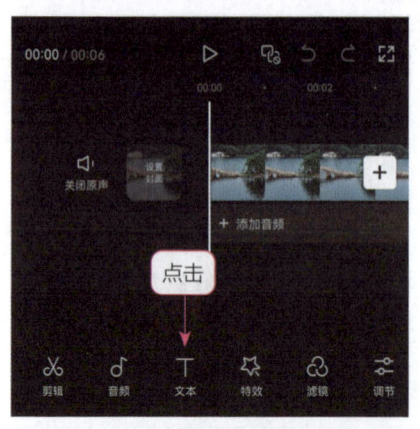

图 4-44 点击"文本"按钮

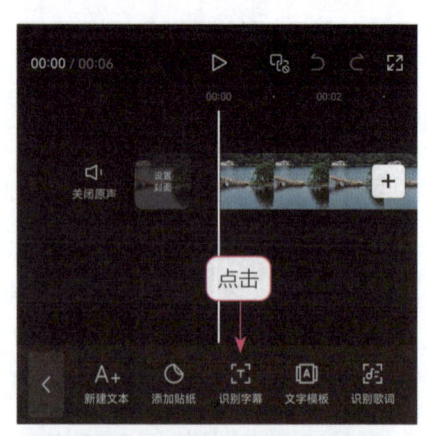

图 4-45 点击"识别字幕"按钮

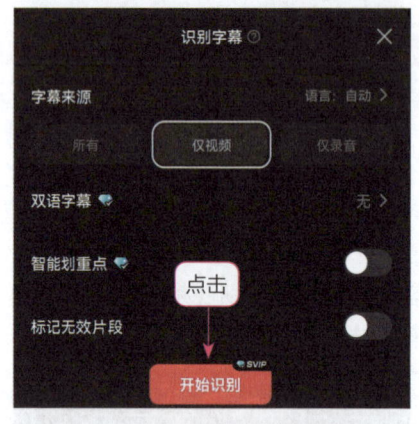

图 4-46 点击"开始识别"按钮

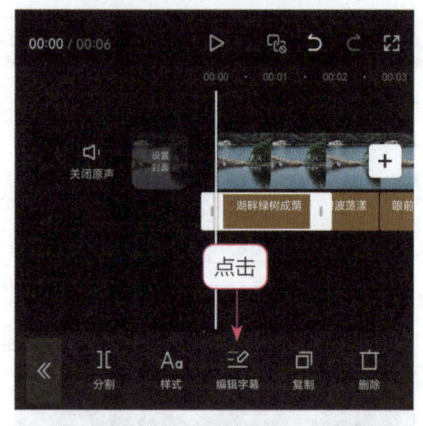

图 4-47 点击"编辑字幕"按钮

图 4-48 点击 Aa 按钮

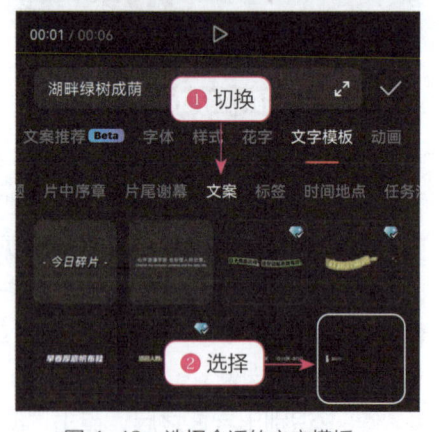

图 4-49 选择合适的文字模板

步骤 07 同理，为后面的 3 段字幕也选择同样的文字模板，点击 ✓ 按钮，如图 4-50 所示。

步骤 08 操作完成后，点击"导出"按钮，如图 4-51 所示，即可导出视频。

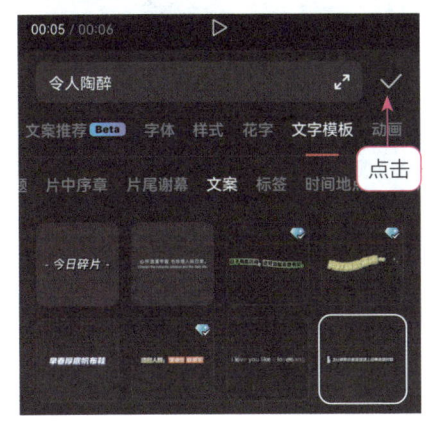

图 4-50 应用文字模板到全部字幕

图 4-51 点击"导出"按钮

4.7 实例：识别手机歌词字幕

扫一扫，看效果

扫一扫，看视频

【效果展示】在剪映手机版中，使用"识别歌词"功能自动添加字幕，再利用文字动画效果，就可以轻松制作出精彩的歌词字幕效果，如图 4-52 所示。

图 4-52 "识别歌词"效果展示

下面介绍在剪映手机版中使用"识别歌词"功能识别歌词的操作方法。

步骤 01 在剪映手机版中导入一段视频素材，为了识别出歌词字幕，点击"文本"按钮，如图 4-53 所示。

步骤 02 在弹出的二级工具栏中点击"识别歌词"按钮，如图 4-54 所示。

071

图 4-53 点击"文本"按钮　　　　图 4-54 点击"识别歌词"按钮

步骤 03 弹出"识别歌词"面板，点击"开始匹配"按钮，如图 4-55 所示。

步骤 04 识别出歌词字幕之后，点击"批量编辑"按钮，如图 4-56 所示。

图 4-55 点击"开始匹配"按钮　　　图 4-56 点击"批量编辑"按钮

步骤 05 弹出相应的面板，点击 Aa 按钮，如图 4-57 所示。

步骤 06 为了修改字体，❶ 切换至"字体"|"热门"选项卡；❷ 选择合适的字体，如图 4-58 所示。

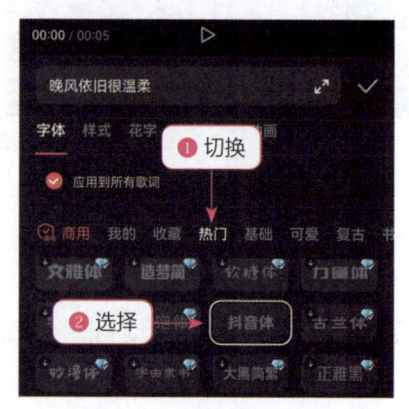

图 4-57 点击 Aa 按钮　　　　　　图 4-58 选择合适的字体

第4章 字幕效果：让视频更加专业

步骤 07 ❶切换至"样式"选项卡；❷选择一个合适的样式；❸设置"字号"参数为8，如图4-59所示，微微放大文字。

步骤 08 ❶切换至"排列"选项卡；❷设置"字间距"参数为5，如图4-60所示，调整文字之间的间隔。

图4-59 设置"字号"参数

图4-60 设置"字间距"参数

步骤 09 为了制作KTV字幕效果，❶切换至"动画"选项卡；❷选择"卡拉OK"入场动画；❸选择合适的色块，更改文字的颜色，如图4-61所示。

步骤 10 操作完成后，点击"导出"按钮，如图4-62所示，导出视频。

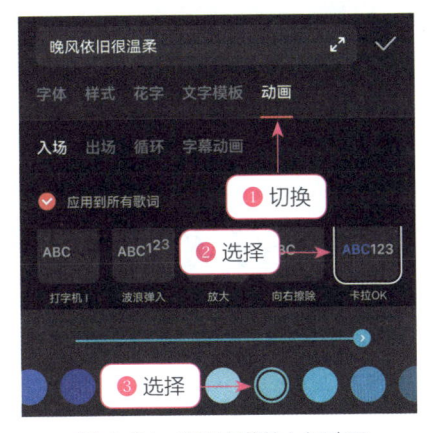

图4-61 设置字幕的入场动画

图4-62 点击"导出"按钮

> **温馨提醒**
>
> 在编辑任意一句歌词时，只要选中"应用到所有歌词"复选框，系统会自动为所有的歌词设置相同的效果。

第 5 章
动感音效：享受声音的动感魅力

■ **本章要点**

音频是短视频中非常重要的内容元素，选择好的背景音乐或者语音旁白，可以更容易让作品上热门。本章主要介绍剪映手机版中的音频处理技巧，帮助读者快速学会处理后期音频的操作方法。

5.1 认识剪映中的音乐素材库

剪映中具有非常丰富的音乐曲库，如果需要给视频素材添加背景音乐，可以根据需要选择不同风格的音乐。下面将介绍剪映中的音乐素材库。

步骤 01 在剪映手机版中导入一段视频，❶ 在一级工具栏中点击"音频"按钮；❷ 或者在音频轨道中点击"添加音频"按钮，如图 5-1 所示。

步骤 02 进入音频工具栏，如图 5-2 所示。

扫一扫，看视频

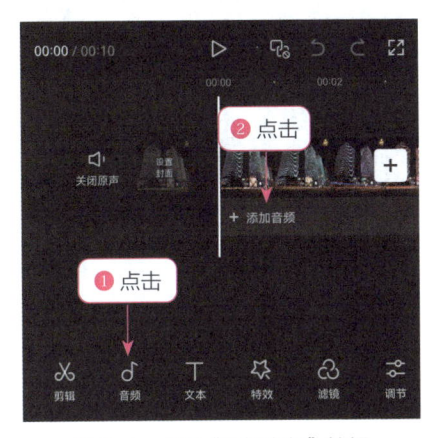

图 5-1 点击"添加音频"按钮　　图 5-2 进入音频工具栏

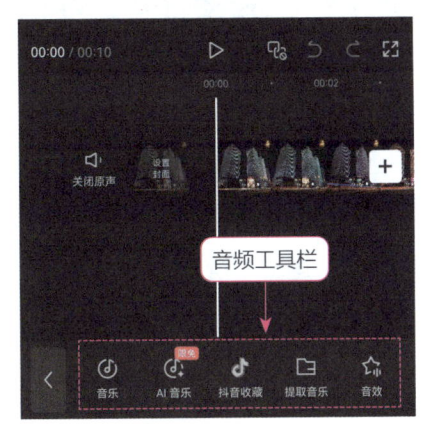

步骤 03 点击"音乐"按钮，即可进入"音乐"界面，如图 5-3 所示。

步骤 04 点击"商用音乐"按钮，即可进入"商用音乐"界面。在该界面上方显示了商用音乐素材库中的所有歌曲，并且进行了细致的分类，包括"卡点""旅行"及 Vlog 等曲库，如图 5-4 所示。

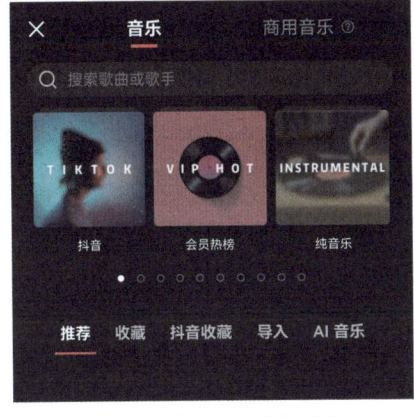

图 5-3 进入"音乐"界面　　图 5-4 进入"商用音乐"界面

在"商用音乐"界面的下方显示了两个选项卡,分别为"推荐音乐"选项卡和"收藏"选项卡。

①"推荐音乐"选项卡中是一些比较热门的商用音乐,如图5-5所示。

②"收藏"选项卡中是用户在商用音乐曲库中收藏的音乐,如图5-6所示。

图5-5 "推荐音乐"选项卡　　　　图5-6 "收藏"选项卡

步骤 05 返回"音乐"界面,在界面上方显示了音乐素材库中的所有歌曲,并且进行了细致的分类,包括"抖音""纯音乐""卡点""Vlog""旅行""悬疑""轻快"等曲库。选择相应的选项,即可进入对应的曲库界面,如图5-7所示。选择带有"下载"按钮的音乐,即可下载并试听音乐效果;下载音乐后,会在后方显示"使用"按钮,点击"使用"按钮,即可使用所选音乐。

图5-7 "抖音"曲库界面和"纯音乐"曲库界面

在"音乐"界面的下方显示了5个选项卡,分别为"推荐"选项卡、"收藏"选项卡、"抖音收藏"选项卡、"导入"选项卡及"AI音乐"选项卡。

③"推荐"选项卡中是一些比较热门的音乐,如图5-8所示。

④"收藏"选项卡中是用户在音乐曲库中收藏的音乐,如图5-9所示。

第 5 章 动感音效：享受声音的动感魅力

图 5-8 "推荐"选项卡　　　图 5-9 "收藏"选项卡

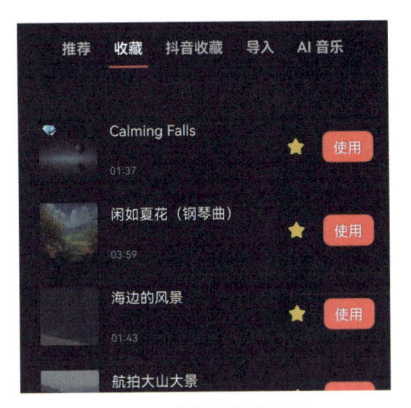

⑤ "抖音收藏"选项卡中是用户在抖音 App 中收藏的音乐，如图 5-10 所示。

⑥ "导入"选项卡中是通过链接下载的音乐、从视频中提取的音乐和本地下载的音乐，如图 5-11 所示。

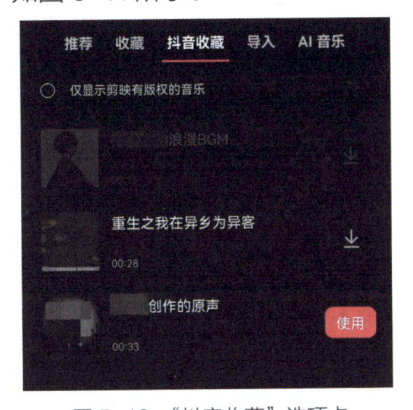

图 5-10 "抖音收藏"选项卡　　　图 5-11 "导入"选项卡

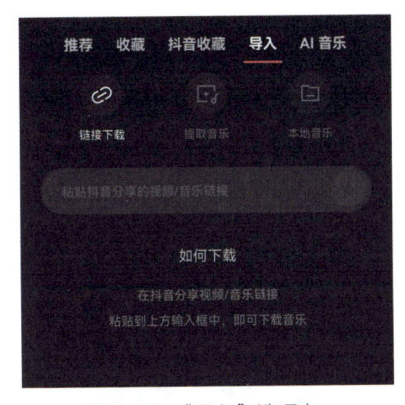

⑦ "AI 音乐"选项卡中是通过 AI 生成的音乐，用户只需在其中的界面输入歌词及音乐描述，即可生成 1 分钟以内的歌曲，如图 5-12 所示。

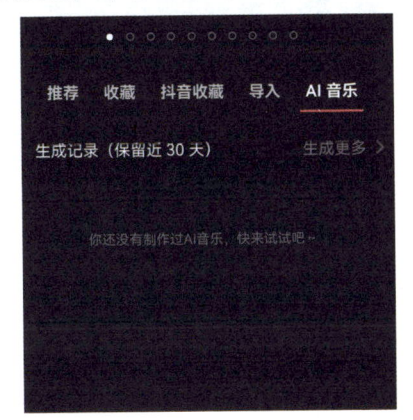

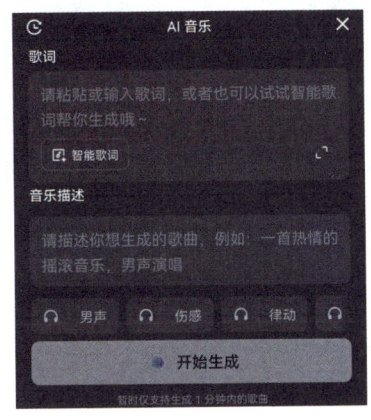

图 5-12 "AI 音乐"选项卡

077

5.2 实例：添加音乐和音效

扫一扫，看效果　　　　　扫一扫，看视频

【效果展示】在剪映手机版中，可以添加各种背景音乐和音效，让视频不再单调。本案例视频效果如图 5-13 所示。

图 5-13　视频效果展示

下面介绍在剪映手机版中添加音乐和音效的操作方法。

步骤 01　在剪映手机版中导入一段视频素材，点击"音频"按钮，如图 5-14 所示。

步骤 02　在弹出的二级工具栏中点击"音乐"按钮，如图 5-15 所示。

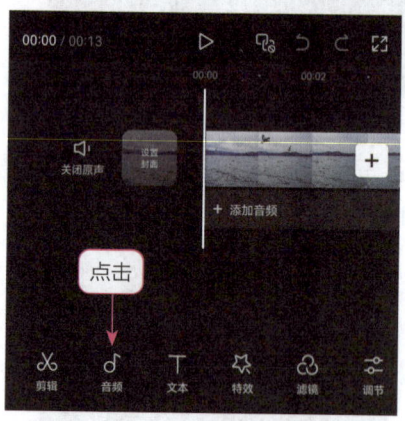

图 5-14　点击"音频"按钮　　　　　图 5-15　点击"音乐"按钮

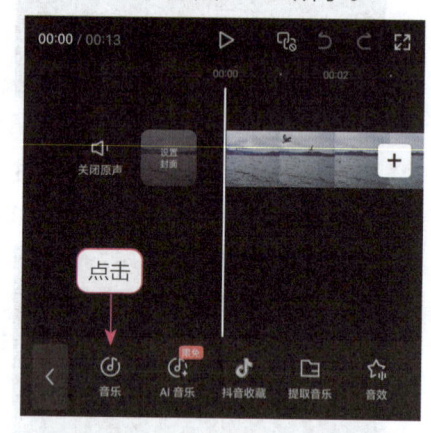

步骤 03　进入"音乐"界面，❶切换至"收藏"选项卡；❷在列表中选择相应的音频素材并点击"使用"按钮，如图 5-16 所示。

步骤 04　添加背景音乐后，点击"音效"按钮，如图 5-17 所示。

步骤 05　❶在弹出的界面中切换至"动物"选项卡；❷选择"海鸥叫声"音效并点击"使用"按钮，如图 5-18 所示。

第 5 章 动感音效：享受声音的动感魅力

步骤 06 执行操作后，即可在第 2 条音频轨道中添加上海鸥叫声的音效，如图 5-19 所示。

图 5-16 选择收藏的音乐并使用　　图 5-17 点击"音效"按钮

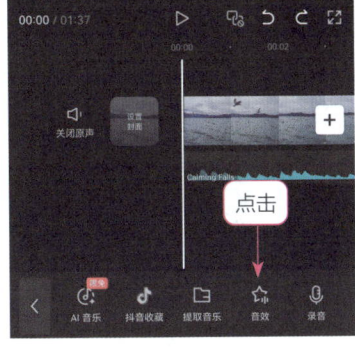

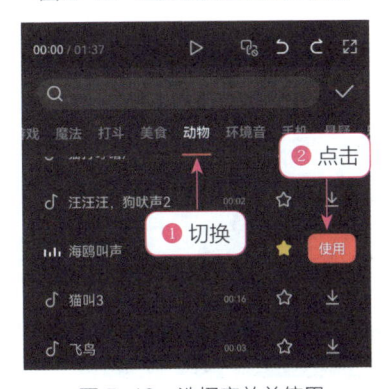

图 5-18 选择音效并使用　　图 5-19 添加音效

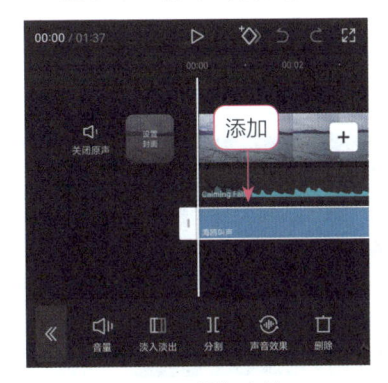

步骤 07 为了删除多余的音频，❶ 选择第 1 条音频轨道中的音乐；❷ 在视频的末尾位置点击"分割"按钮，分割音频；❸ 点击"删除"按钮，如图 5-20 所示，删除多余的音频。

步骤 08 用与上面同样的方法，调整第 2 条音频的时长，使其对齐视频的时长，如图 5-21 所示。

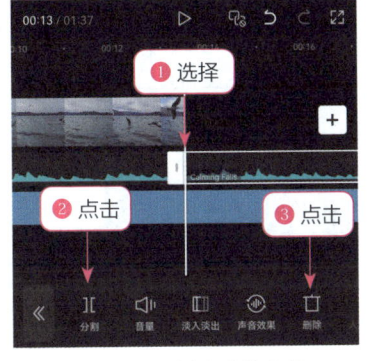

图 5-20 删除多余的音频　　图 5-21 调整音频的时长

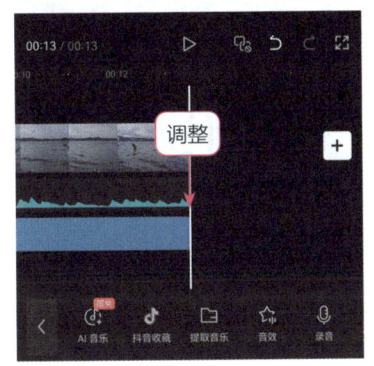

079

剪映视频剪辑／调色／字幕／配音／特效从入门到精通（手机版＋电脑版＋网页版）

> **温馨提醒**
>
> 用户可以根据视频风格选择不同类型的音乐，让视频效果更加完美。

5.3 实例：提取背景音乐

扫一扫，看效果　　　　　　扫一扫，看视频

【效果展示】在剪映手机版中，当不知道其他视频中的背景音乐名称时，可以使用"提取音乐"功能提取其他视频中的背景音乐，应用到当前视频中。本案例视频效果如图 5-22 所示。

图 5-22　视频效果展示

下面介绍在剪映手机版中提取视频中的背景音乐的操作方法。

步骤 01　在剪映手机版中导入一段视频，点击"音频"按钮，如图 5-23 所示。

步骤 02　在二级工具栏中点击"提取音乐"按钮，如图 5-24 所示。

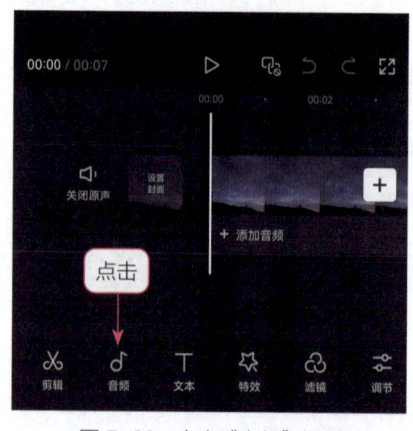

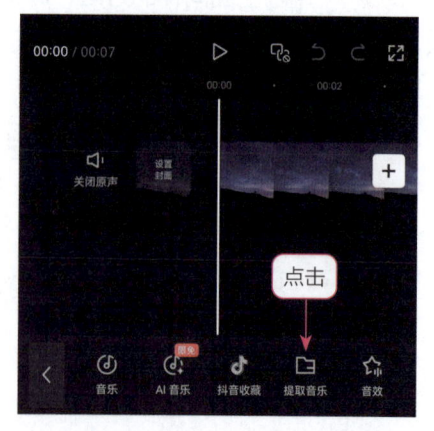

图 5-23　点击"音频"按钮　　　　图 5-24　点击"提取音乐"按钮

步骤 03 进入"照片视频"界面，❶ 选择视频素材；❷ 点击"仅导入视频的声音"按钮，如图 5-25 所示，即可提取背景音乐。

步骤 04 操作完成后，点击"导出"按钮，如图 5-26 所示，导出视频。

图 5-25 选择视频提取音频导入

图 5-26 点击"导出"按钮

5.4 实例：改变声音效果

扫一扫，看效果

扫一扫，看视频

【效果展示】在剪映手机版中，用户不仅可以直接进行录音，还可以对录制的音频进行变声处理。这样不仅可以给观众神秘感，还能让视频更加有趣。本案例视频效果如图 5-27 所示。

图 5-27 视频效果展示

下面介绍在剪映手机版中改变声音效果的操作方法。

步骤 01 在剪映手机版中导入一段视频素材，点击"音频"按钮，如图 5-28 所示。

步骤 02 进入二级工具栏，点击"录音"按钮，如图 5-29 所示。

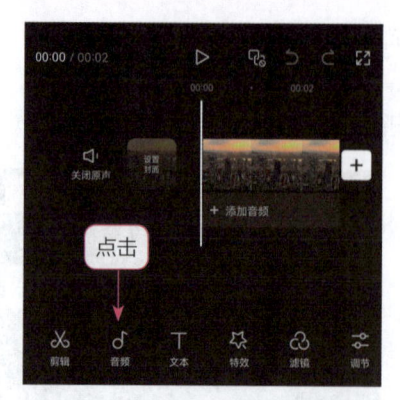

图 5-28　点击"音频"按钮　　　　图 5-29　点击"录音"按钮

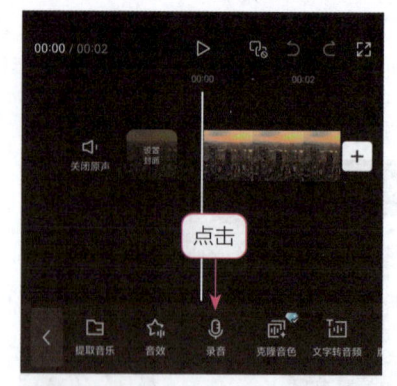

步骤 03 进入"录音"界面,点击或长按 ⬤ 按钮,如图 5-30 所示,即可开始录音。

步骤 04 录制完成后,点击 ✓ 按钮,即可形成一段录音音频,如图 5-31 所示。

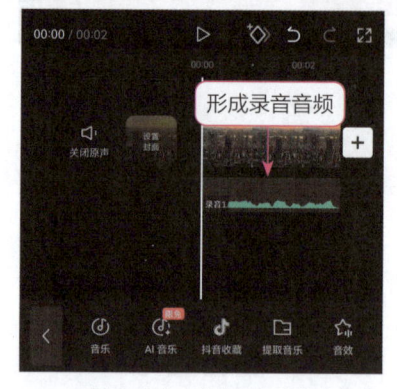

图 5-30　点击"录制"按钮　　　　图 5-31　形成一段录音音频

步骤 05 为了改变声音效果,❶ 选择录制的音频;❷ 点击"声音效果"按钮,如图 5-32 所示。

步骤 06 进入相应的界面,❶ 在"音色"选项卡中选择"小孩"选项;❷ 点击 ✓ 按钮,如图 5-33 所示,完成变声操作。

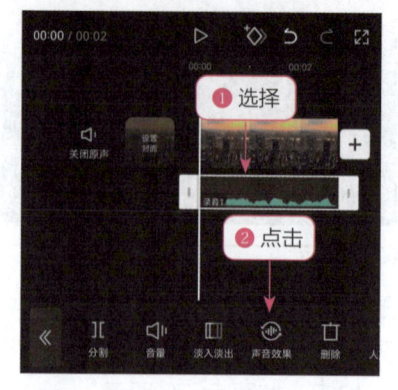

图 5-32　点击"声音效果"按钮　　　　图 5-33　设置音色

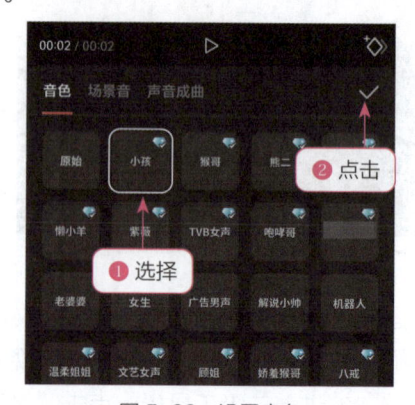

5.5 实例：制作克隆音色

在剪映手机版中，用户可以通过"音频"功能来克隆自己的声音，仅需录制 10 秒人声，即可快速克隆专属音色。

下面介绍在剪映手机版中制作克隆音色的操作方法。

步骤 01 在剪映手机版中导入一段视频素材，在一级工具栏中点击"音频"按钮，如图 5-34 所示。

扫一扫，看视频

步骤 02 在弹出的二级工具栏中点击"克隆音色"按钮，如图 5-35 所示。

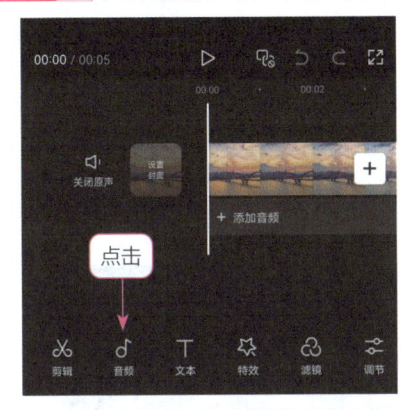

图 5-34 点击"音频"按钮

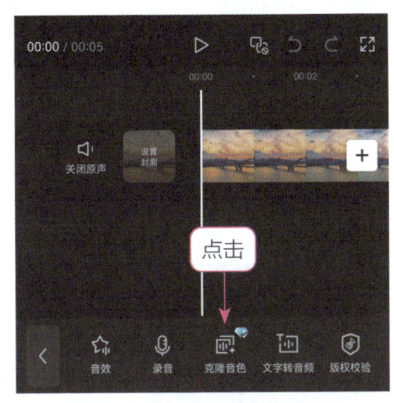

图 5-35 点击"克隆音色"按钮

步骤 03 弹出"克隆音色"面板，点击 + 按钮，如图 5-36 所示。

步骤 04 执行操作后，即可进入"录制音频"界面，点击"点击或长按进行录制"按钮 ◎ ，如图 5-37 所示。

图 5-36 点击"添加"按钮

图 5-37 点击"点击或长按进行录制"按钮

步骤 05 用户朗读剪映随机生成的例句，朗读完成后，点击 ◎ 按钮，如图 5-38 所示，即可完成音色录制。

步骤 06 稍等片刻，即可生成自己的克隆音色，如图5-39所示。

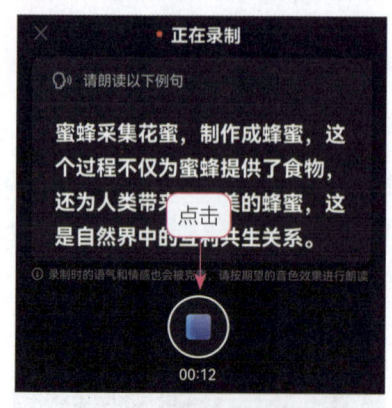

图5-38 点击"停止"按钮 　　　图5-39 生成自己的克隆音色

步骤 07 ❶ 在"点击试听"下方可以试听中文例句和英文例句语音；❷ 在"音色命名"文本框中可以为克隆音色命名；❸ 点击"保存音色"按钮，如图5-40所示。

步骤 08 执行上述操作后，在"克隆音色"面板中即可显示生成的克隆音色，如图5-41所示。

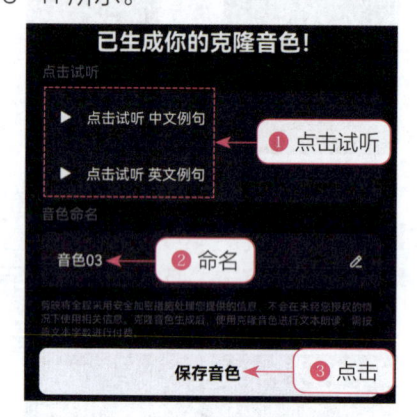

图5-40 试听例句后保存音色 　　　图5-41 显示生成的克隆音色

5.6 实例：制作朗读音频

扫一扫，看效果　　　扫一扫，看视频

【效果展示】用户生成克隆音色后，可以用该音色去生成朗读音频，为相应的视频进行配音。需要注意的是，每次使用克隆音色朗读文本，需按照1积分=2字扣除积分，

相当于朗读2个文字需要消耗1积分。本案例视频效果如图5-42所示。

图5-42 视频效果展示

下面介绍在剪映手机版中使用克隆音色制作朗读音频的操作方法。

步骤 01 在上一例的基础上，点击"去生成朗读"按钮，如图5-43所示。

步骤 02 进入文本编辑界面，❶ 输入文本内容；❷ 点击"应用"按钮，如图5-44所示，即可用克隆音色进行文字配音。

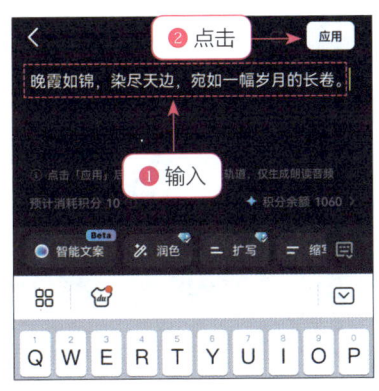

图5-43 点击"去生成朗读"按钮　　图5-44 输入朗读文本并应用

步骤 03 稍等片刻，即可生成朗读音频，如图5-45所示。

步骤 04 为了调整视频的时长，❶ 选择视频素材；❷ 在音频素材的末尾位置点击"分割"按钮，分割视频；❸ 点击"删除"按钮，如图5-46所示，删除多余的视频素材。

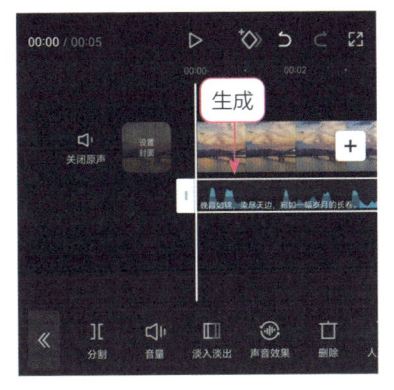

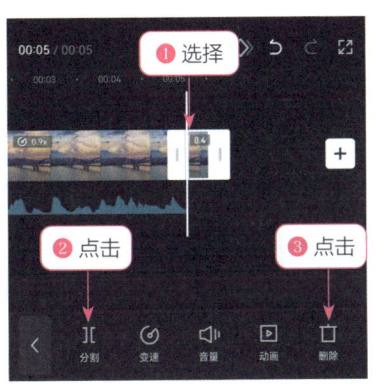

图5-45 生成朗读音频　　图5-46 删除多余的视频

第 6 章

卡点特效：制作热门的动感视频

■ **本章要点**

　　卡点视频是短视频中非常火爆的一种短视频类型，其制作方法虽然简单，但效果很好。本章将介绍使用 AI 模板制作卡点视频，使用"剪同款"功能制作动感相册，使用"节拍"功能制作颜色渐变卡点特效、曲线变速卡点及 3D 立体卡点等 5 种热门卡点视频案例的制作方法。

6.1 掌握卡点特效的关键点

卡点视频最重要的是对音乐的把控。在剪映手机版中,用户可以通过"节拍"功能为音频轨道中的音乐添加节拍点,然后根据节拍点的位置调整每段视频素材的时长,卡准音乐的鼓点,让视频更具节奏感。

为音乐添加节拍点的方法有两种。首先需要选择音频轨道中的音乐,在工具栏中点击"节拍"按钮,进入"节拍"界面,如图 6-1 所示。只有进入"节拍"界面后,才能开始执行添加节拍点的操作。

扫一扫,看视频

第 1 种添加节拍点的方法是手动踩点,❶ 拖曳时间轴至音乐鼓点的位置;❷ 点击"添加点"按钮 +添加点 ,如图 6-2 所示,即可添加一个节拍点。

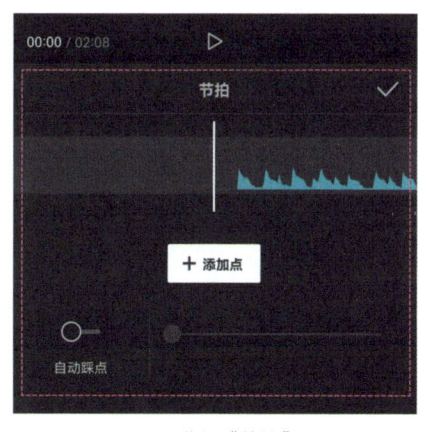

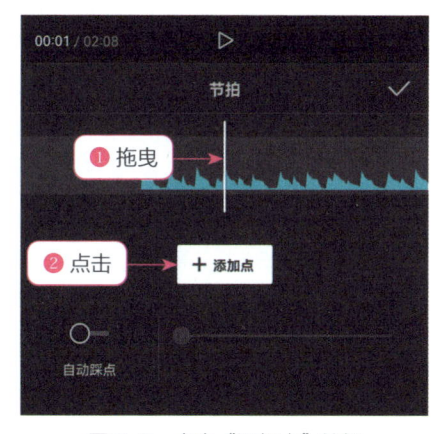

图 6-1　进入"节拍"界面　　　　图 6-2　点击"添加点"按钮

> **温馨提醒**
>
> 在剪映手机版中,用户不仅可以对音乐库中的音乐进行踩点,而且可以对从视频中提取的音频进行踩点。
>
> 用户在对添加的音频手动踩点前,可以点击预览区域中的"播放"按钮 ▶,试听音频中音乐鼓点的位置,然后为音频添加节拍点。

如果发现添加的节拍点不在音乐鼓点上,可以将节拍点删除。当时间轴在节拍点的位置时,"添加点"按钮 +添加点 会自动变为"删除点"按钮 -删除点 ,点击该按钮,如图 6-3 所示,即可将添加的节拍点删除。

第 2 种添加节拍点的方法是自动踩点。在"节拍"界面中点击"自动踩点"按钮,即可开启"自动踩点"功能,如图 6-4 所示。

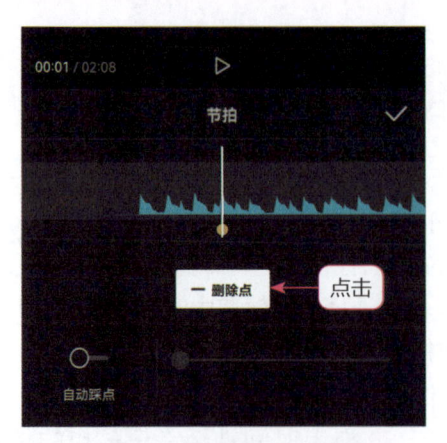

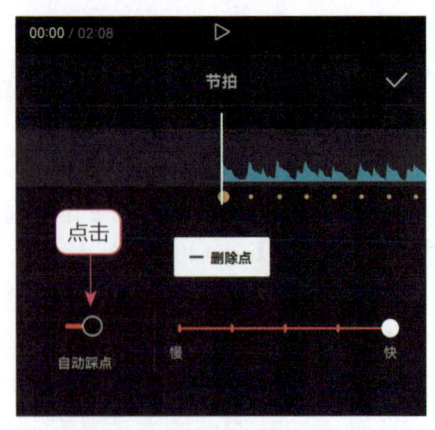

图 6-3　点击"删除点"按钮　　　　　图 6-4　点击"自动踩点"按钮

6.2 实例：使用 AI 模板制作卡点视频

扫一扫，看效果　　　　　　　　　扫一扫，看视频

【效果展示】对于一些抖音平台上火热的卡点视频模板，剪映中同样拥有海量模板，用户仅需简单的操作步骤，导入自己精心挑选的视频素材，通过选取多样化的预设模板，就可以制作出完整的视频。在"卡点"选项卡中，用户可以直接套用其中的模板，一键生成卡点视频，效果如图 6-5 所示。

图 6-5　卡点视频效果展示

下面介绍在剪映手机版中使用"模板"功能制作卡点视频的操作方法。

步骤 01 在剪映手机版中导入一段视频素材,在一级工具栏中点击"模板"按钮,如图 6-6 所示。

步骤 02 进入"模板"界面,❶ 切换至"卡点"选项卡;❷ 选择一个合适的模板,如图 6-7 所示。

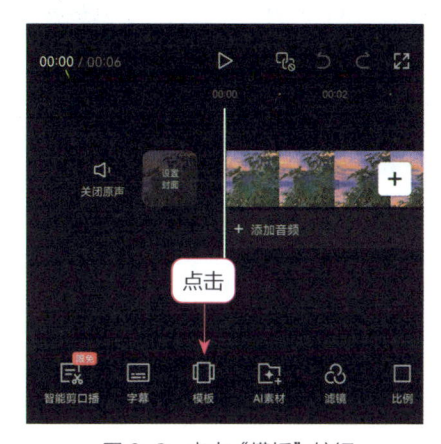

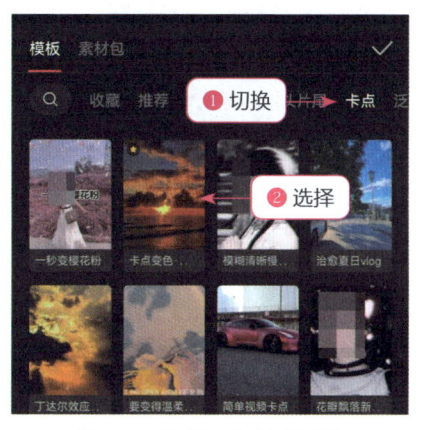

图 6-6 点击"模板"按钮　　　　图 6-7 选择一个合适的模板

步骤 03 进入相应的界面,点击"去使用"按钮,如图 6-8 所示。

步骤 04 进入"照片视频"界面,❶ 在"视频"选项卡中选择视频素材;❷ 点击"下一步"按钮,如图 6-9 所示。

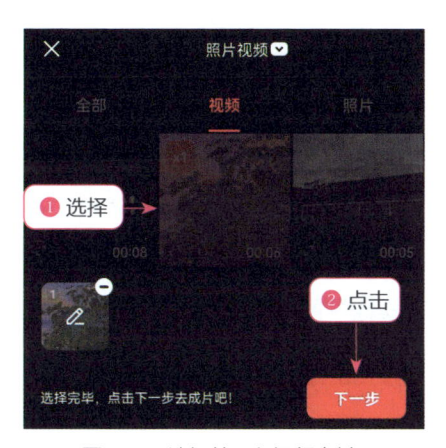

图 6-8 点击"去使用"按钮　　　　图 6-9 选择并导入视频素材

步骤 05 稍等片刻,视频合成成功,❶ 选择原始素材;❷ 点击"删除"按钮,如图 6-10 所示,删除多余的素材。

步骤 06 操作完成后,点击"导出"按钮,如图 6-11 所示,导出视频。

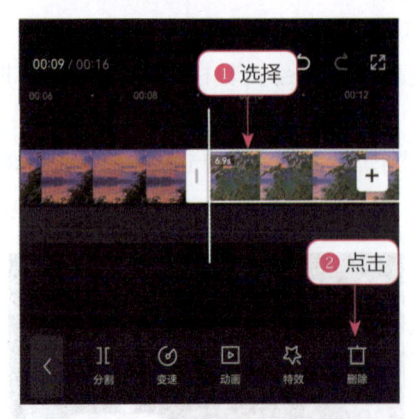

图6-10 删除多余的视频素材　　　　图6-11 点击"导出"按钮

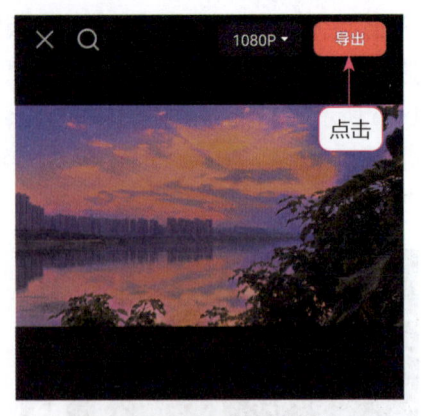

> **温馨提醒**
>
> 在使用"模板"功能一键生成视频时，需要注意素材的类型，是动态视频还是静态图片。同时，尽量控制素材的数量与模板设定相吻合，确保视频的流畅度与和谐性达到理想的效果。

6.3 实例：使用"剪同款"功能制作动感相册

扫一扫，看效果　　　　扫一扫，看视频

【效果展示】对于多张照片素材，在剪映手机版中可以使用"剪同款"功能，使其变成一段动态的电子相册视频，让照片变得生动起来，效果如图6-12所示。

图6-12 "剪同款"功能效果展示

第 6 章 卡点特效：制作热门的动感视频

下面介绍在剪映手机版中使用"剪同款"功能制作动感相册的操作方法。

步骤 01 打开剪映手机版，❶ 点击"剪同款"按钮，进入"剪同款"界面；❷ 点击界面上方的搜索栏，如图 6-13 所示。

步骤 02 ❶ 输入并搜索"动感卡点"；❷ 在搜索结果中选择合适的模板，如图 6-14 所示。

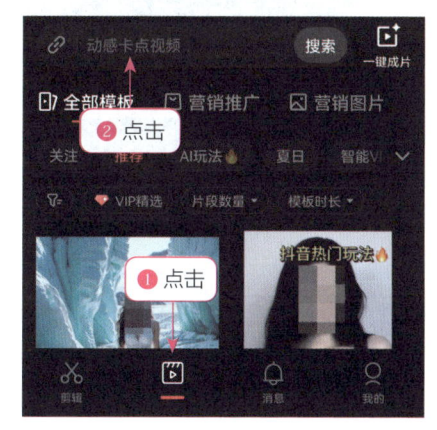

图 6-13　点击界面上方的搜索栏

图 6-14　选择一个合适的模板

步骤 03 进入相应的界面，点击右下角的"剪同款"按钮，如图 6-15 所示。

步骤 04 进入"照片视频"界面，❶ 在"照片"选项卡中依次选择 5 张人物照片；❷ 点击"下一步"按钮，如图 6-16 所示。

图 6-15　点击"剪同款"按钮

图 6-16　选择所需照片素材

步骤 05 稍等片刻，即可生成一段视频，点击"导出"按钮，如图 6-17 所示。

步骤 06 弹出"导出设置"面板，点击 按钮，如图 6-18 所示，把视频导出至本地相册中。

091

图 6-17　点击"导出"按钮

图 6-18　点击相应按钮

6.4　实例：使用"节拍"功能制作颜色渐变卡点特效

扫一扫，看效果　　　　扫一扫，看视频

【效果展示】颜色渐变卡点视频是短视频卡点类型中比较热门的一种，视频画面会随着音乐的节奏点从黑白色渐变为有颜色的画面，主要使用剪映的"节拍"功能和"变彩色"特效，制作出颜色渐变卡点短视频，效果如图 6-19 所示。

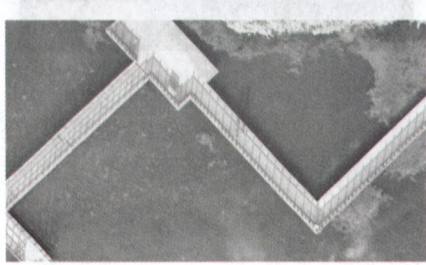

图 6-19　颜色渐变卡点效果展示

第 6 章 卡点特效：制作热门的动感视频

下面介绍在剪映手机版中使用"节拍"功能制作颜色渐变卡点特效的操作方法。

步骤 01 在剪映手机版中导入 4 段视频素材，点击"音频"按钮，如图 6-20 所示。

步骤 02 在二级工具栏中点击"提取音乐"按钮，如图 6-21 所示。

图 6-20 点击"音频"按钮　　图 6-21 点击"提取音乐"按钮

步骤 03 进入"照片视频"界面，❶ 选择视频素材；❷ 点击"仅导入视频的声音"按钮，如图 6-22 所示，即可提取背景音乐。

步骤 04 ❶ 选择音频轨道中的音乐；❷ 点击"节拍"按钮，如图 6-23 所示。

图 6-22 选择视频素材并提取声音　　图 6-23 点击"节拍"按钮

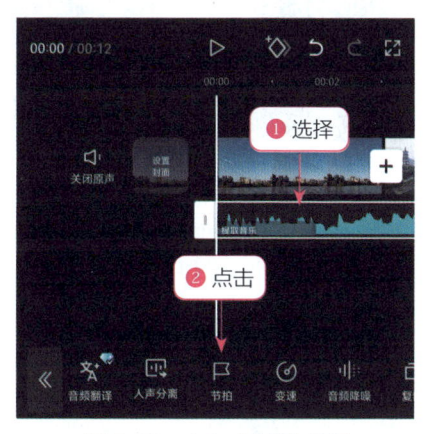

步骤 05 进入"节拍"界面，❶ 将时间轴拖曳至音乐鼓点的位置；❷ 点击"添加点"按钮，如图 6-24 所示。

步骤 06 执行操作后，即可添加一个黄色的小圆点，如图 6-25 所示。

步骤 07 用与上面同样的方法，在音频的其他鼓点位置继续添加两个黄色小圆点，如图 6-26 所示。

步骤 08 点击 ✓ 按钮完成手动踩点，调整第 1 段素材的时长，使其与第 1 个黄

093

色小圆点的位置对齐，如图6-27所示。

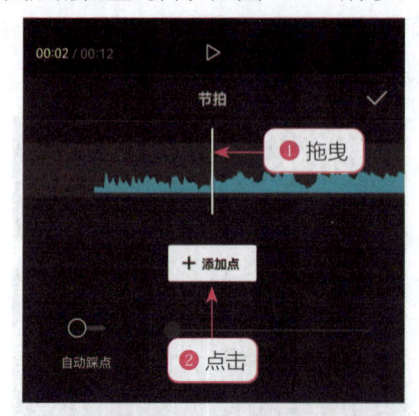

图6-24　点击"添加点"按钮

图6-25　添加一个黄色的小圆点

图6-26　添加两个黄色小圆点

图6-27　调整素材的时长

步骤09 用与上面同样的方法，调整后面每段素材的时长，如图6-28所示。

步骤10 ❶拖曳时间轴至视频的开始位置；❷依次点击工具栏中的"特效"按钮和"画面特效"按钮，如图6-29所示。

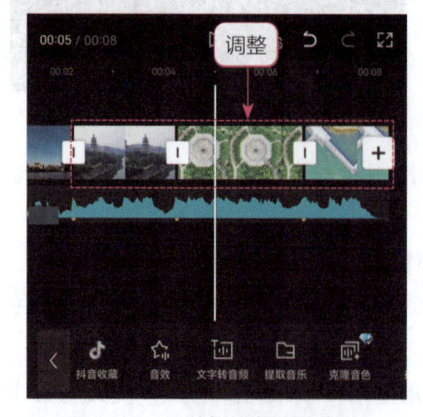

图6-28　调整每段素材的时长

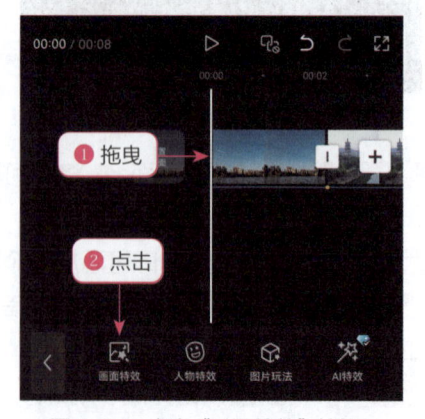

图6-29　点击"画面特效"按钮

第 6 章　卡点特效：制作热门的动感视频

步骤 11 在"基础"选项卡中选择"变彩色"特效，如图 6-30 所示。

步骤 12 点击 ✓ 按钮添加特效，❶ 调整特效的时长和位置，使其与第 1 段素材的时长和位置一致；❷ 点击工具栏中的"复制"按钮，如图 6-31 所示。

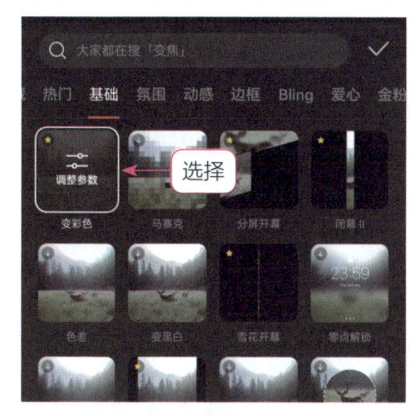

图 6-30　选择"变彩色"特效

图 6-31　调整特效时长并复制

步骤 13 执行操作后，即可复制一个特效，调整第 2 个特效的时长，使其与第 2 段素材的时长一致，如图 6-32 所示。

步骤 14 用与上面同样的方法，在第 3 段素材和第 4 段素材的下方添加两个"变彩色"特效，并调整特效的时长，使其与素材的时长一致，如图 6-33 所示。

图 6-32　调整第 2 个特效的时长

图 6-33　添加并调整特效的时长

6.5　实例：使用"节拍"功能制作曲线变速卡点特效

扫一扫，看效果

扫一扫，看视频

095

【效果展示】曲线变速卡点在于对音乐节奏的把握，以及设置合适的变速点，从而达到曲线变速卡点的效果，如图6-34所示。

图6-34 曲线变速卡点特效效果展示

下面介绍在剪映手机版中使用"节拍"功能制作曲线变速卡点特效的操作方法。

步骤 01 在剪映手机版中导入4段视频素材，在一级工具栏中点击"音频"按钮，如图6-35所示。

步骤 02 在弹出的二级工具栏中点击"提取音乐"按钮，如图6-36所示。

图6-35 点击"音频"按钮

图6-36 点击"提取音乐"按钮

步骤 03 进入"照片视频"界面，❶ 选择视频素材；❷ 点击"仅导入视频的声音"按钮，如图6-37所示，提取背景音乐。

步骤 04 ❶ 选择音频素材；❷ 点击"节拍"按钮，如图6-38所示。

第 6 章 卡点特效：制作热门的动感视频

图 6-37 选择视频素材并提取声音

图 6-38 点击"节拍"按钮

步骤 05 进入"节拍"界面，❶ 根据音乐节奏，在相应的位置点击"添加点"按钮 ，手动添加 3 个黄色小圆点；❷ 点击 按钮，如图 6-39 所示，确认操作。

步骤 06 ❶ 选择第 1 段视频素材；❷ 点击"变速"按钮，如图 6-40 所示。

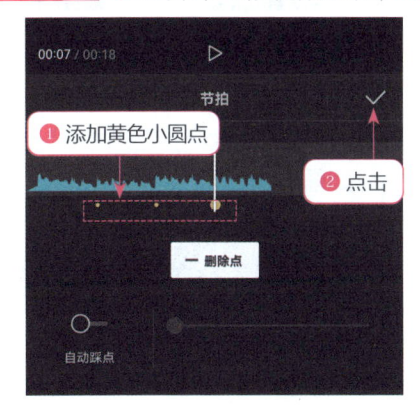

图 6-39 手动添加节拍点

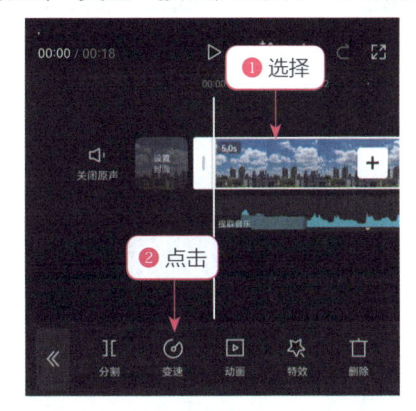

图 6-40 点击"变速"按钮

步骤 07 在弹出的工具栏中点击"曲线变速"按钮，如图 6-41 所示。

步骤 08 ❶ 选择"自定"选项；❷ 点击"点击编辑"按钮，如图 6-42 所示。

图 6-41 点击"曲线变速"按钮

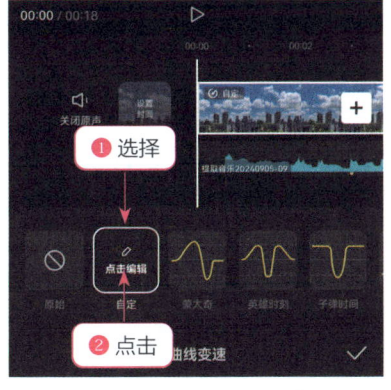

图 6-42 点击"点击编辑"按钮

步骤 09 弹出"自定"界面，拖曳前面 2 个变速点，设置"速度"参数为 10x，如图 6-43 所示。

步骤 10 ❶ 在"自定"界面中拖曳后面 3 个变速点，设置"速度"参数为 0.5x；❷ 点击 ✓ 按钮，如图 6-44 所示，确认操作。

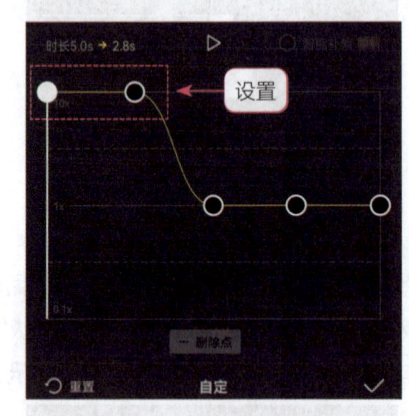

图 6-43　设置前面 2 个变速点 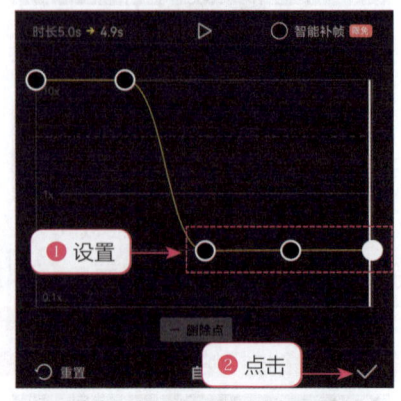　　　　图 6-44　设置另外 3 个变速点

步骤 11 用与上面同样的方法，为后面 3 段素材进行同样的变速操作，并根据黄色小圆点的位置，调整视频轨道中每段素材的时长，如图 6-45 所示。

步骤 12 操作完成后，点击"导出"按钮，如图 6-46 所示，导出视频。

图 6-45　调整视频轨道中每段素材的时长 　　　　图 6-46　点击"导出"按钮

6.6 实例：使用"节拍"功能制作 3D 立体卡点特效

扫一扫，看效果　　　　扫一扫，看视频

第 6 章　卡点特效：制作热门的动感视频

【效果展示】3D 立体卡点又称"希区柯克"卡点，能让照片中的人物在背景变焦中动起来，使视频效果更加立体，如图 6-47 所示。

图 6-47　3D 立体卡点效果展示

下面介绍在剪映手机版中使用"节拍"功能制作 3D 立体卡点特效的操作方法。

步骤 01　在剪映手机版中导入 4 张照片素材，❶ 选择第 1 张照片素材；❷ 点击"特效"按钮，如图 6-48 所示。

步骤 02　在弹出的二级工具栏中点击"抖音玩法"按钮，如图 6-49 所示。

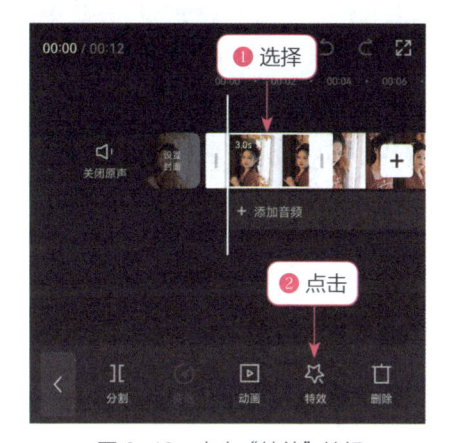

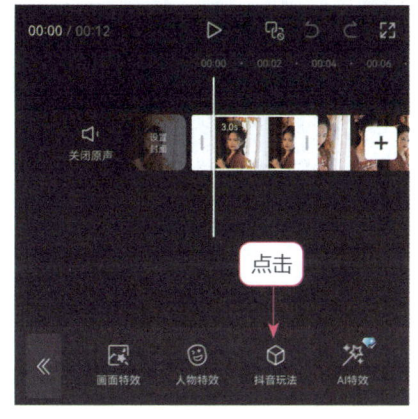

图 6-48　点击"特效"按钮　　　图 6-49　点击"抖音玩法"按钮

步骤 03　进入"抖音玩法"界面，❶ 切换至"运镜"选项卡；❷ 选择"3D 运镜"选项，如图 6-50 所示，并为剩下的 3 张照片素材添加同样的"3D 运镜"效果。

步骤 04　添加合适的卡点音乐，❶ 选择音频轨道中的音乐；❷ 点击"节拍"按钮，如图 6-51 所示。

步骤 05　进入"节拍"界面，❶ 根据音乐节奏，在相应的位置点击"添加点"按钮 +添加点 ，手动添加 3 个黄色小圆点；❷ 点击 ✓ 按钮，如图 6-52 所示，确认操作。

步骤 06　根据黄色小圆点的位置，调整每段素材的时长，如图 6-53 所示。执

099

行操作后，即可完成3D立体卡点特效的制作。

图 6-50 选择"3D 运镜"效果

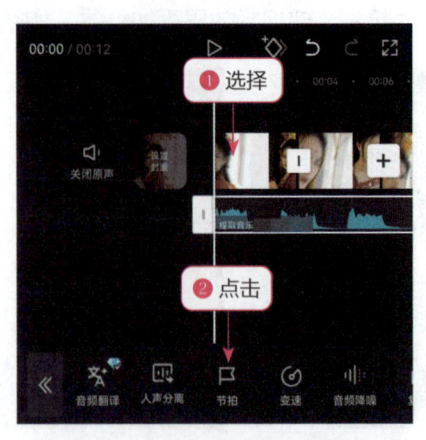

图 6-51 点击"节拍"按钮

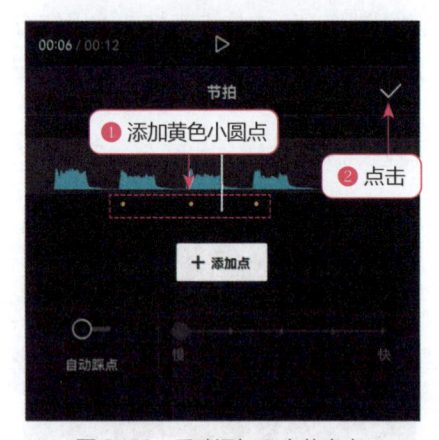

图 6-52 手动添加 3 个节奏点

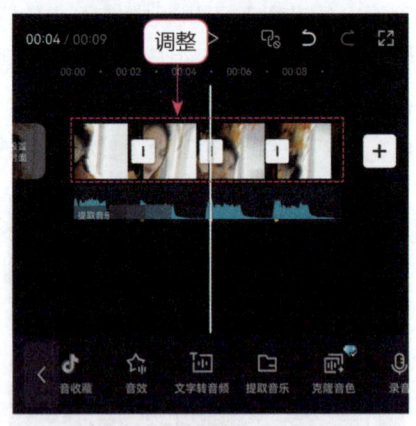

图 6-53 调整每段素材的时长

▶ 温馨提醒

　　用户在选择音乐时，尽量选择节奏感强的卡点音乐，这样更容易寻找节奏点。

剪映

电脑版

第 7 章

合成特效：视频合成与 AI 特效创作

■ **本章要点**

  在上一篇的剪映手机版中，讲解了视频剪辑的基础操作，包括剪辑、调色、字幕及音效等。接下来将介绍在剪映电脑版中的剪辑技巧。对于前面介绍的内容，读者可以在剪映电脑版中一一尝试，由于篇幅这里不再重复。在剪映电脑版教程中，将采取互补性原则，对剪映手机版中没有讲过的内容进行补充和升级，读者可以两者结合学习，举一反三，学到更多关于剪映的知识。本章将介绍使用剪映电脑版进行视频合成处理以及使用 AI 特效制作视频的方法和技巧。

7.1 剪映电脑版的下载和安装

剪映电脑版是一款全能易用的桌面端剪辑软件。它具有简单直观的界面、丰富的素材库和强大的 AI 功能，同时也延续了剪映手机版全能易用的操作风格，适用于各种专业的剪辑场景，能够帮助用户高效创作出高质量的视频作品。下面将以 Windows 操作系统为例，介绍下载和安装剪映电脑版的操作方法。

扫一扫，看视频

步骤 01 在电脑自带的浏览器中搜索并打开剪映官网，在页面中单击"立即下载"按钮，如图 7-1 所示。

图 7-1　单击"立即下载"按钮

步骤 02 弹出"新建下载任务"对话框，单击"直接打开"按钮，如图 7-2 所示。

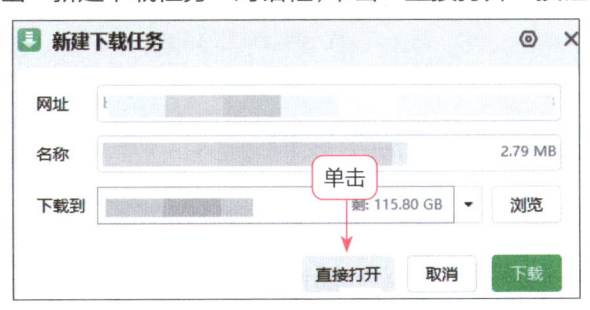

图 7-2　单击"直接打开"按钮

步骤 03 下载并安装成功之后，进入剪映电脑版首页，单击左上方的"点击登录账户"按钮，如图 7-3 所示。

步骤 04 弹出登录对话框，剪映电脑版有两种登录方式，用户可以单击"通过抖音登录"按钮，如图 7-4 所示，登录剪映账号。

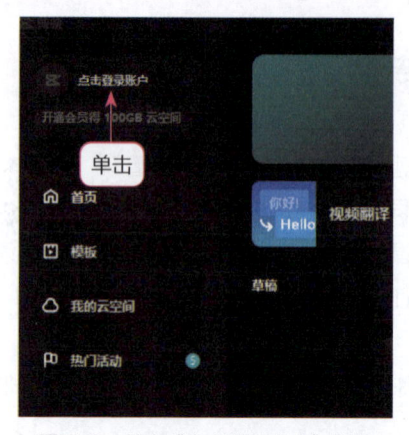

图7-3 单击"点击登录账户"按钮 　　图7-4 单击"通过抖音登录"按钮

步骤 05 进入首页,在左上方显示抖音账号的头像,如图7-5所示,即为登录成功。

图7-5 显示抖音账号的头像

7.2 视频合成效果的制作要点

扫一扫,看视频

在剪映电脑版中合成视频最关键的是蒙版功能,用户可以通过调整蒙版的位置、形状和属性,来实现画面局部区域的特殊显示效果。在正式操作之前,首先介绍剪映电脑版的界面组成,如图7-6所示。

第 7 章 合成特效：视频合成与 AI 特效创作

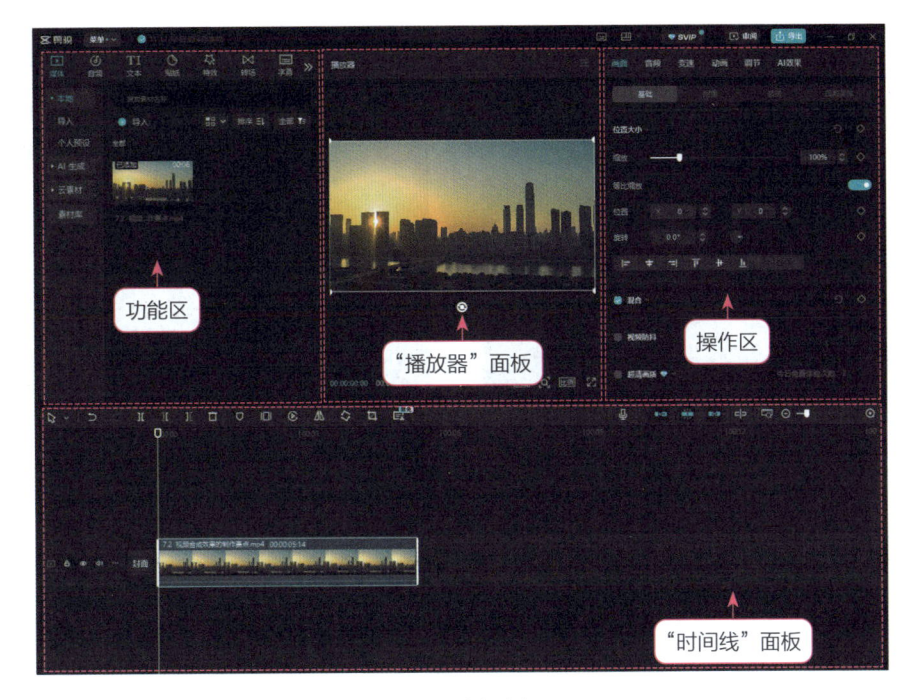

图 7-6 剪映电脑版界面

功能区：功能区中包括了剪映的媒体、音频、文本、贴纸、特效、转场、字幕、滤镜、调节、模板及数字人等 11 项功能模块。

操作区：操作区中提供了画面、音频、变速、动画、调节及 AI 效果等调整功能，当用户选择轨道中的素材后，操作区就会显示各项调整功能。

"播放器"面板：在"播放器"面板中，单击"播放"按钮，即可在预览窗口中播放视频效果；单击"比例"按钮，在弹出的列表框中选择相应的画布尺寸比例，可以调整视频的画面尺寸大小。

"时间线"面板：该面板提供了选择、撤销、恢复、分割、删除、添加标记、定格、倒放、镜像、旋转及调整大小等常用剪辑功能，当用户将素材拖曳至该面板中时，会自动生成相应的轨道。

下面介绍具体操作方法。

步骤 01 在剪映电脑版的"画面"操作区中展开"基础"选项卡。在"混合"选项区中可以通过设置混合模式来进行图像合成。在"混合模式"列表框中，共有"正常""变亮""滤色""变暗""叠加""强光""柔光""颜色加深""线性加深""颜色减淡""正片叠底"等 11 种混合模式可以选择，如图 7-7 所示。

步骤 02 在"画面"操作区中切换至"蒙版"选项卡，其中提供了"线性""镜面""圆形""矩形""爱心""星形"等蒙版，如图 7-8 所示，用户可以根据需要挑选蒙版，对视频画面进行合成处理，制作既有趣又有创意的蒙版合成视频。

105

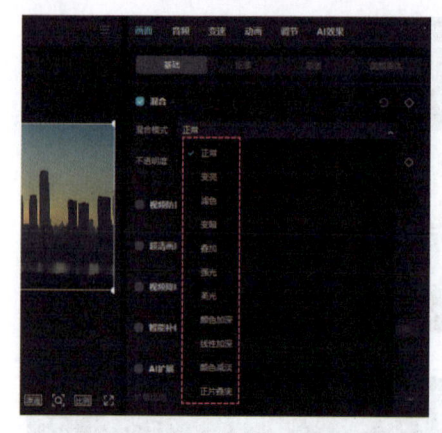

图 7-7 "混合模式"列表框 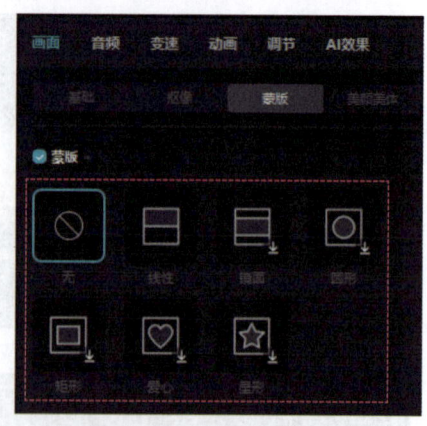　　　　　图 7-8 "蒙版"选项卡

例如，❶选择"星形"蒙版；❷在蒙版的上方会显示"反转"按钮◨、"重置"按钮◨和"添加关键帧"按钮◨；❸在蒙版下方会显示可以设置的参数选项和关键帧按钮，在其中可以设置蒙版的位置、旋转角度、大小以及边缘线的羽化程度，如图7-9所示。

选择蒙版后，在"播放器"面板的预览窗口中，会显示蒙版的默认大小，如图 7-10 所示。拖曳蒙版四周的控制柄（"星形"蒙版的控制柄为四个顶角的白色圆点），可以调整蒙版的大小；将光标移至蒙版的任意位置，长按鼠标左键并拖曳，可以调整蒙版的位置；长按◨按钮并拖曳，可以调整蒙版的旋转角度；长按◨按钮并拖曳，可以调整蒙版边缘线的羽化程度。

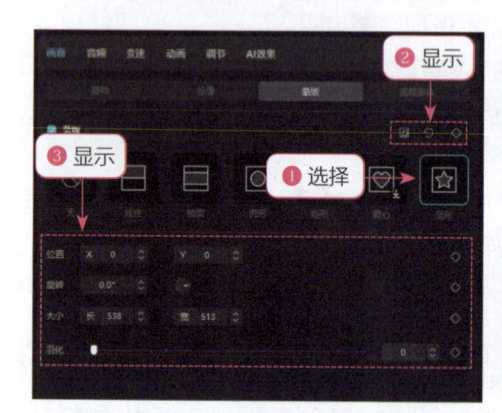

图 7-9 显示与蒙版相关的参数选项 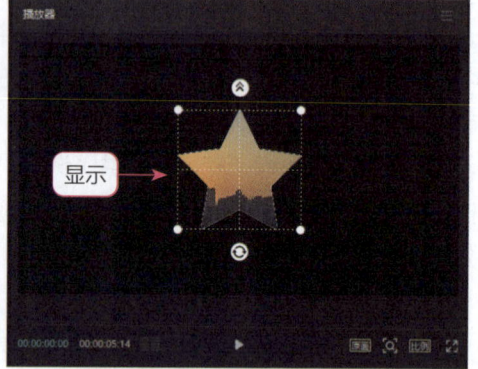　　　　　图 7-10 显示蒙版的默认大小

在"蒙版"选项卡中单击"反转"按钮◨，可以将蒙版反转显示，即原本为黑色或背景色的部分会显示画面，原本显示的画面会变为黑色或背景色。

7.3 实例：使用蒙版遮挡视频中的水印

扫一扫，看效果　　　　扫一扫，看视频

【效果展示】当要用于剪辑的视频中有水印时，可以通过剪映的"模糊"特效和"矩形"蒙版遮挡视频中的水印，效果如图 7-11 所示。

图 7-11　使用蒙版遮挡水印的效果展示

下面介绍在剪映电脑版中使用蒙版遮挡视频水印的操作方法。

步骤 01　打开剪映电脑版，进入"媒体"功能区，单击"本地"选项卡中的"导入"按钮，如图 7-12 所示，导入视频素材。

步骤 02　执行操作后，单击视频右下角的"添加到轨道"按钮 ，如图 7-13 所示。

图 7-12　单击"导入"按钮　　　　图 7-13　单击"添加到轨道"按钮

步骤 03　将视频素材添加到视频轨道中，如图 7-14 所示。

步骤 04　❶ 单击"特效"按钮，进入"特效"功能区；❷ 在"基础"选项卡中单击"模糊"特效中的"添加到轨道"按钮 ，如图 7-15 所示。

107

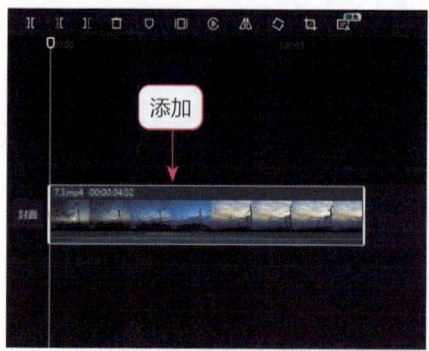

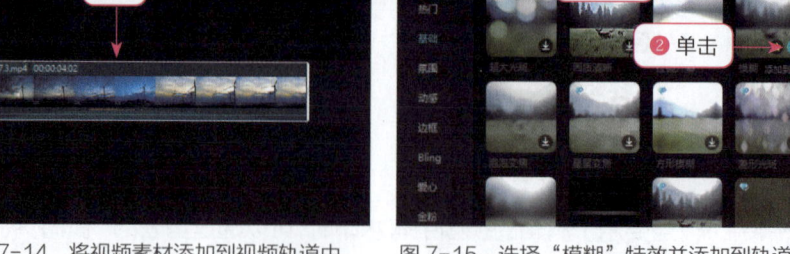

图 7-14　将视频素材添加到视频轨道中　　图 7-15　选择"模糊"特效并添加到轨道中

步骤 05 执行操作后，即可在视频上方添加一个"模糊"特效，拖曳特效右侧的白色拉杆，调整特效的时长，使其与视频的时长一致，如图 7-16 所示。

步骤 06 执行操作后，在页面的右上角单击"导出"按钮，如图 7-17 所示。

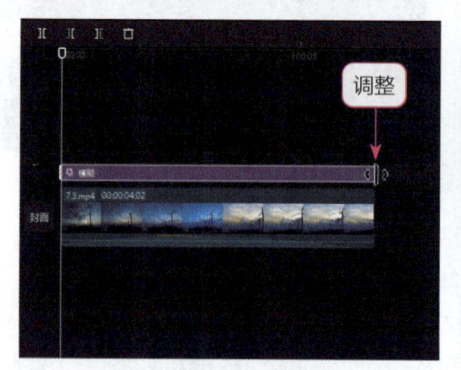

图 7-16　调整特效的时长　　图 7-17　单击"导出"按钮（1）

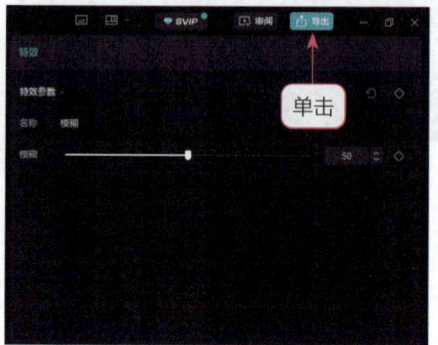

步骤 07 弹出"导出"对话框，❶ 在其中设置导出视频的名称、位置及相关参数；❷ 单击"导出"按钮，如图 7-18 所示。

步骤 08 稍等片刻，待导出完成后，❶ 选择轨道中的特效；❷ 单击"删除"按钮，如图 7-19 所示，删除特效。

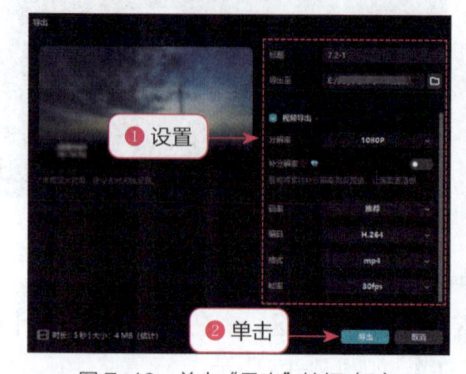

图 7-18　单击"导出"按钮（2）　　图 7-19　单击"删除"按钮

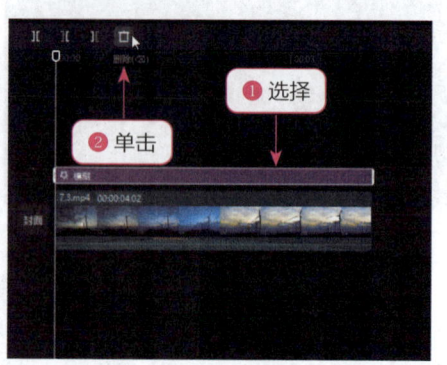

第7章 合成特效：视频合成与AI特效创作

步骤 09 在"媒体"功能区中将前面导出的模糊效果视频再次导入"本地"选项卡，如图7-20所示。

步骤 10 通过拖曳的方式，将效果视频添加至画中画轨道中，如图7-21所示。

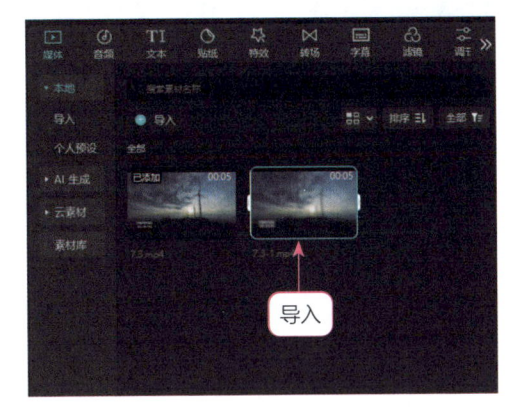

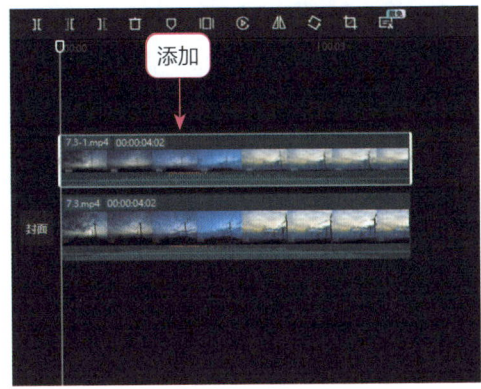

图7-20 导入效果视频　　　图7-21 将效果视频添加至画中画轨道中

步骤 11 在"画面"操作区中，❶切换至"蒙版"选项卡；❷选择"矩形"蒙版，如图7-22所示。

步骤 12 在预览窗口中可以看到矩形蒙版中显示的画面是模糊的，蒙版外的画面是清晰的，如图7-23所示。

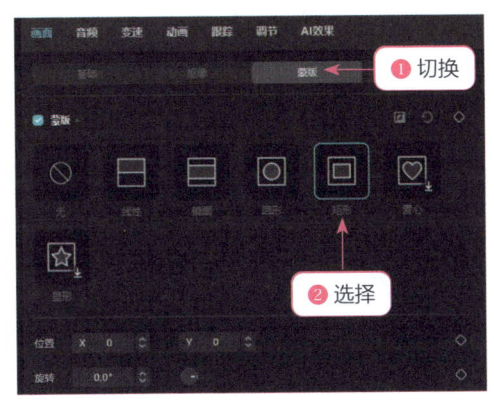

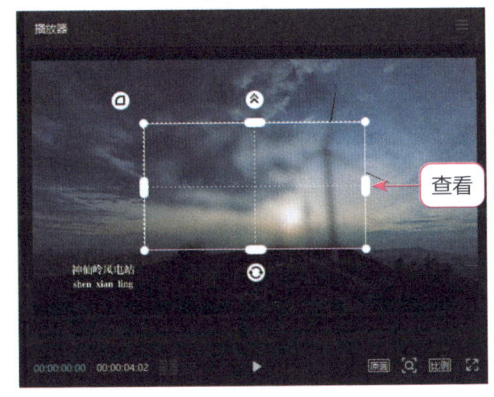

图7-22 选择"矩形"蒙版　　　图7-23 查看添加的矩形蒙版

步骤 13 拖曳蒙版四周的控制柄，调整蒙版的大小和位置，并将其拖曳至画面左下角的水印上，如图7-24所示。

步骤 14 在轨道中单击空白位置处，预览窗口中蒙版的虚线框将会隐藏起来，此时可以查看水印是否已被蒙版遮住，如图7-25所示。

109

图 7-24　调整蒙版的大小和位置 　　　　　图 7-25　查看水印是否被遮住

> **温馨提醒**
>
> 对于封闭图形的蒙版，用户不仅可以通过拖动蒙版边缘的调节点来改变其大小，也可以在功能面板上输入具体的数值来精确调整大小。

7.4 实例：使用蒙版分屏显示多段视频

扫一扫，看效果　　　　　　　　　扫一扫，看视频

【效果展示】在抖音中，经常可以看到多段视频以不规则的形式同时展现在屏幕中，就像拼图一样分屏显示视频。在展示多个事件或场景时，可以通过分屏效果同时呈现多个视角的画面，通过不同的画面组合和切换方式，让观众全面了解情况。要想制作分屏效果也很简单，只要在剪映中应用"贴纸"功能和"线性"蒙版即可制作出这样的视频效果，如图 7-26 所示。

图 7-26　分屏显示效果展示

下面介绍在剪映电脑版中使用蒙版分屏显示多段视频的操作方法。

步骤 01 打开剪映电脑版,进入"媒体"功能区,单击"本地"选项卡中的"导入"按钮,导入 3 段视频素材,如图 7-27 所示。

步骤 02 将视频素材依次添加至视频轨道和画中画轨道中,如图 7-28 所示。

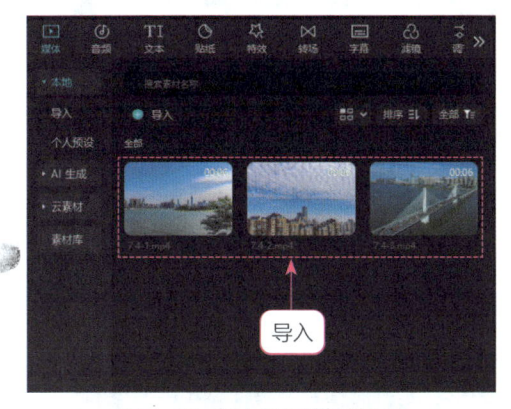

图 7-27　导入相应的视频素材 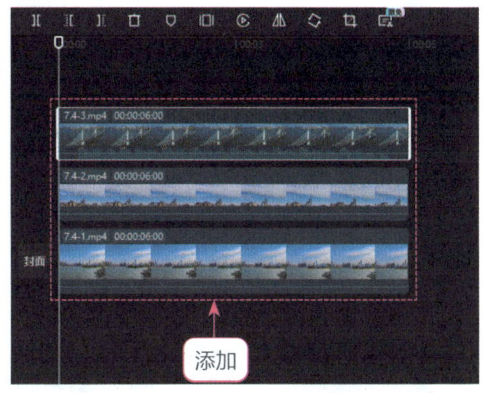　　　　图 7-28　将视频素材添加至相应的轨道中

步骤 03 在"播放器"面板中,❶ 设置预览窗口的画布比例为 9∶16;❷ 适当调整 3 段视频素材的位置,如图 7-29 所示。

步骤 04 ❶ 单击"贴纸"按钮,进入"贴纸"功能区;❷ 切换至"边框"选项卡;❸ 单击所选贴纸右下角的"添加到轨道"按钮➕,如图 7-30 所示。

图 7-29　调整 3 段视频素材的位置 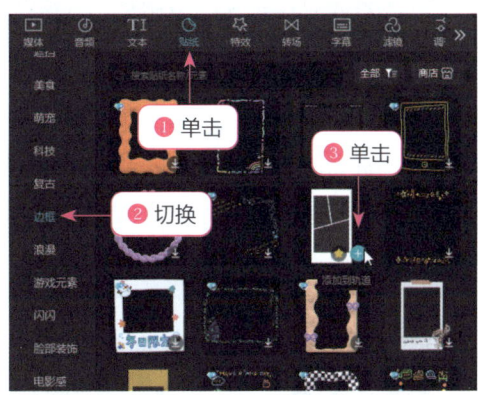　　　图 7-30　选择边框并添加到轨道中

步骤 05 执行操作后,即可添加一个边框贴纸,如图 7-31 所示。

步骤 06 拖曳贴纸右侧的白色拉杆,调整贴纸的时长,使其与视频的时长一致,如图 7-32 所示。

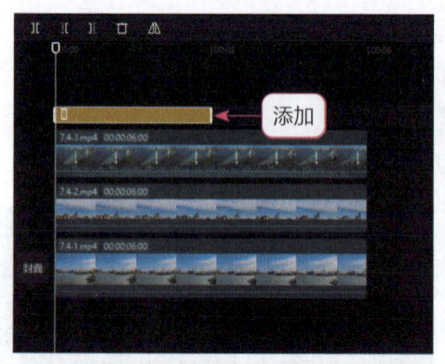

图7-31 添加一个边框贴纸 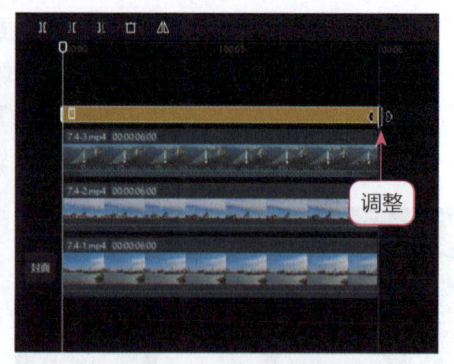　　　　　图7-32 调整贴纸的时长

步骤 07 在"播放器"面板的预览窗口中调整边框贴纸的大小和位置,如图7-33所示。

步骤 08 在视频轨道中选择第1段视频素材,如图7-34所示。

图7-33 调整边框贴纸的大小和位置 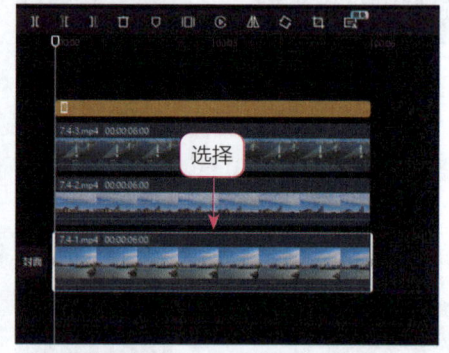　　　图7-34 选择第1段视频素材

步骤 09 在预览窗口中拖曳第1段视频素材四周的控制柄,调整该素材的大小和位置,使其刚好填充贴纸左上角的空白,如图7-35所示。

步骤 10 在画中画轨道中选择第2段视频素材,在预览窗口中拖曳第2段视频素材四周的控制柄,调整该素材的大小和位置,使其刚好填充贴纸右上角的空白,如图7-36所示。

图7-35 调整第1段视频素材的大小和位置 　　　图7-36 调整第2段视频素材的大小和位置

步骤 11 ❶ 切换至"画面"操作区的"蒙版"选项卡;❷ 选择"线性"蒙版,如图 7-37 所示。

步骤 12 在预览窗口中调整蒙版线的角度和位置,如图 7-38 所示。

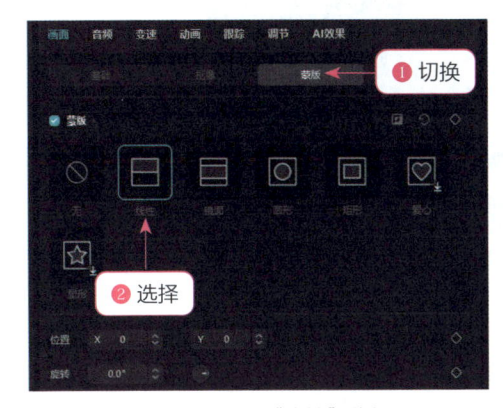

图 7-37 选择"线性"蒙版　　　图 7-38 调整蒙版线的角度和位置(1)

步骤 13 在画中画轨道中选择第 3 段视频素材,在预览窗口中拖曳第 3 段视频素材四周的控制柄,调整该素材的大小和位置,使其刚好填充贴纸下方的空白,如图 7-39 所示。

步骤 14 ❶ 切换至"画面"操作区的"蒙版"选项卡;❷ 选择"线性"蒙版;❸ 单击"反转"按钮,如图 7-40 所示。

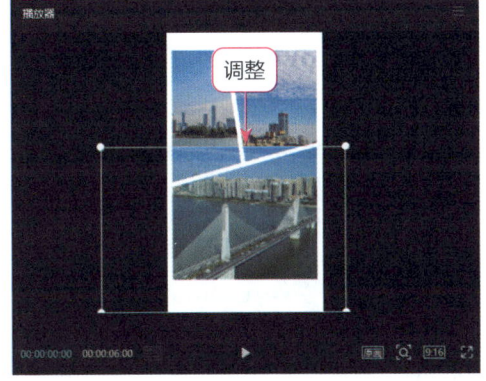

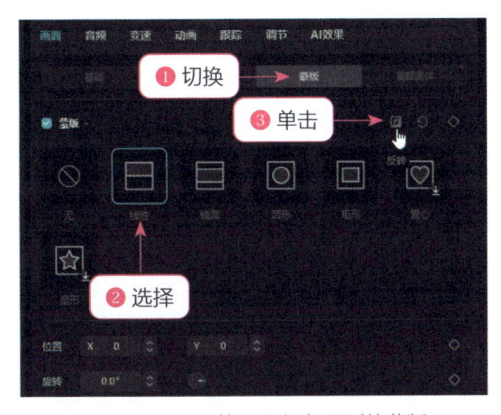

图 7-39 调整第 3 段视频素材的大小和位置　　　图 7-40 设置第 3 段视频用到的蒙版

步骤 15 在预览窗口中调整蒙版线的角度和位置,如图 7-41 所示。执行上述操作后,即可完成分屏显示多段视频的制作。

图 7-41　调整蒙版线的角度和位置（2）

7.5　实例：使用"滤色"模式抠出文字

扫一扫，看效果　　　　　　扫一扫，看视频

【效果展示】剪映为用户提供了多种混合模式，当画中画轨道中的素材背景为纯黑色时，可以使用"滤色"模式进行画面抠像，去除素材中的黑色背景，效果如图 7-42 所示。

图 7-42　使用"滤色"模式抠像效果展示

下面介绍在剪映电脑版中使用"滤色"模式抠出文字的操作方法。

步骤 01　在剪映电脑版的"媒体"功能区中导入一段背景视频和一段文字视频，如图 7-43 所示。

步骤 02　通过拖曳的方式，将两段视频素材分别添加到视频轨道和画中画轨道中，如图 7-44 所示。

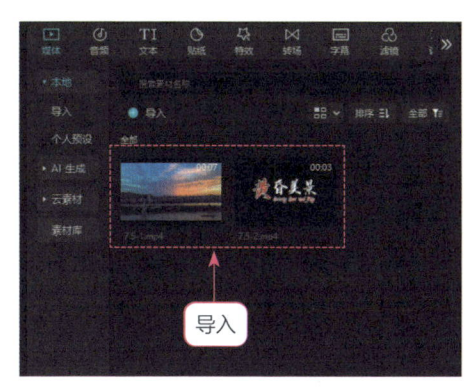

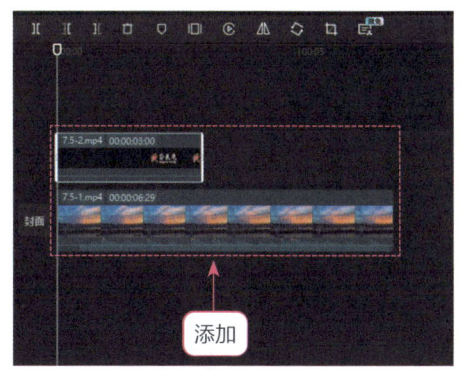

图 7-43 导入相应的视频素材　　　图 7-44 将视频素材添加到相应的轨道中

步骤 03 选择画中画轨道中的视频素材，切换至"画面"操作区的"基础"选项卡中，单击"混合模式"右侧的下拉按钮，如图 7-45 所示。

步骤 04 在弹出的列表框中选择"滤色"选项，如图 7-46 所示。

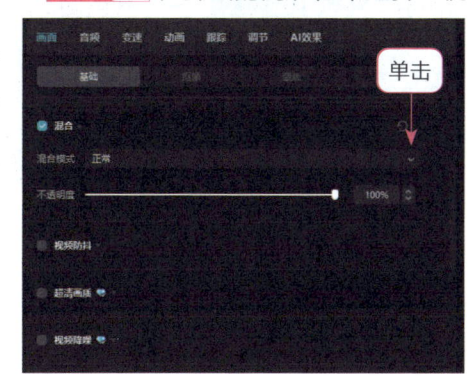

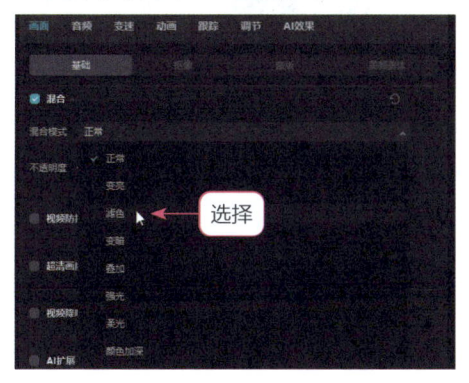

图 7-45 单击下拉按钮　　　图 7-46 选择"滤色"选项

步骤 05 执行操作后，即可为画中画轨道中的视频素材进行抠像，清除黑色背景，留下文字，如图 7-47 所示。

步骤 06 操作完成后，单击页面右上角的"导出"按钮，如图 7-48 所示，即可导出视频。

图 7-47 抠像完成　　　图 7-48 单击"导出"按钮

115

7.6 实例：使用"色度抠图"功能合成视频

扫一扫，看效果　　　　　　扫一扫，看视频

【效果展示】使用"色度抠图"功能可以套用很多素材。例如，穿越手机这个素材，可以让画面从手机中切换出来，效果如图 7-49 所示。

图 7-49 "色度抠图"功能效果展示

下面介绍在剪映电脑版中使用"色度抠图"功能合成视频的操作方法。

步骤 01 在剪映电脑版中导入一段背景视频和一段手机视频，如图 7-50 所示。

步骤 02 将两段视频素材分别添加到视频轨道和画中画轨道中，如图 7-51 所示。

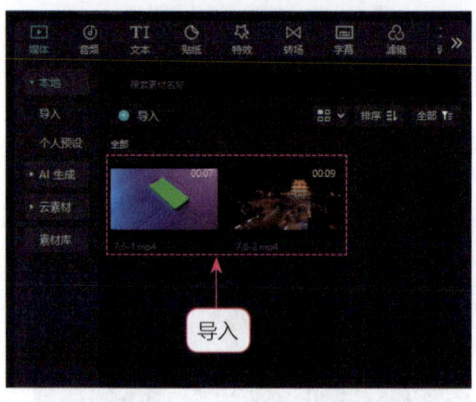

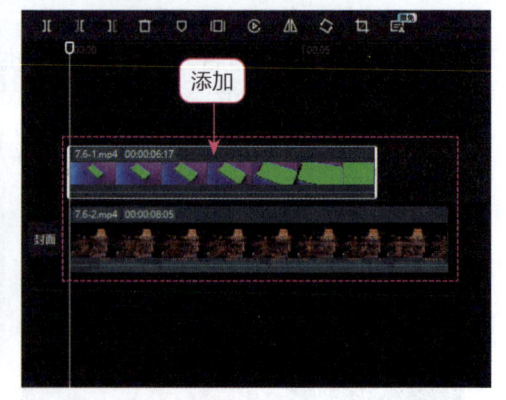

图 7-50 导入视频素材　　　　　图 7-51 将视频素材添加至相应的轨道中

步骤 03 ❶ 在"画面"操作区中切换至"抠像"选项卡；❷ 选中"色度抠图"复选框；❸ 单击"取色器"按钮 ；❹ 拖曳取色器，取样画面中的绿色，如图 7-52 所示。

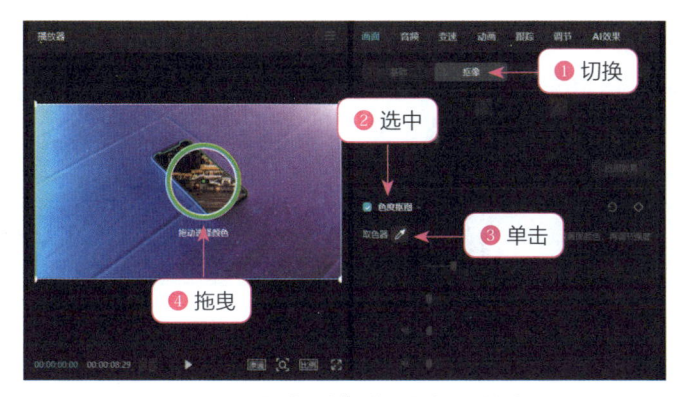

图 7-52 在"抠像"选项卡中取样绿色

步骤 04 拖曳滑块,设置"强度"参数为 40、"阴影"参数为 100,如图 7-53 所示,完善抠图效果。

步骤 05 在"播放器"面板中预览视频效果,如图 7-54 所示。

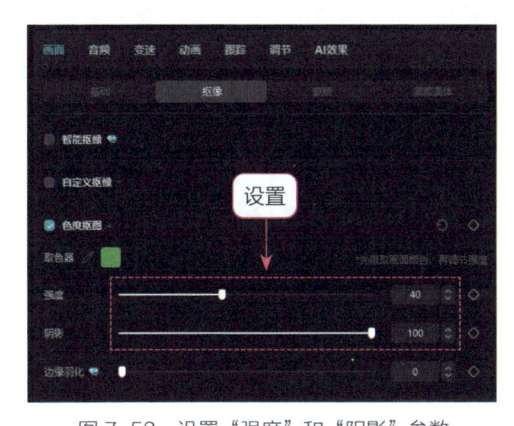

图 7-53 设置"强度"和"阴影"参数

图 7-54 预览视频效果

7.7 实例:使用"AI 效果"功能制作视频特效

扫一扫,看效果　　　　　　　扫一扫,看视频

【效果对比】在剪映电脑版中,用户可以运用"AI 效果"功能,让 AI 根据描述词(即提示词)进行绘画,从而生成精美的视频效果。原图与效果图对比如图 7-55 所示。

图7-55 原图与效果图对比

下面介绍在剪映电脑版中使用"AI效果"功能制作视频特效的操作方法。

步骤 01 在剪映电脑版的"媒体"功能区中导入图片素材，单击素材右下角的"添加到轨道"按钮 ➕，如图7-56所示。

步骤 02 将图片素材添加到视频轨道中，如图7-57所示。

图7-56 选择图片素材并添加到轨道中

图7-57 将图片素材添加到视频轨道中

步骤 03 在右上方的操作区中，❶ 单击"AI效果"按钮，进入"AI效果"操作区；❷ 选中"AI特效"复选框，即可启用"AI特效"功能，如图7-58所示。

步骤 04 单击"灵感"按钮，弹出"灵感"对话框，选择相应的灵感模型并单击右下角的"使用"按钮，如图7-59所示，即可将相应的灵感描述词填入输入框中。

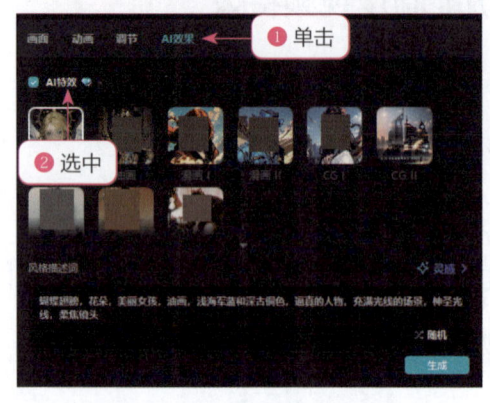

图7-58 选中"AI特效"复选框

图7-59 选择灵感模型并确认

118

步骤 05 单击"生成"按钮,如图 7-60 所示,即可开始生成特效。

步骤 06 在"生成结果"选项区中,❶ 选择合适的效果;❷ 单击"应用效果"按钮,如图 7-61 所示,即可为素材添加特效。

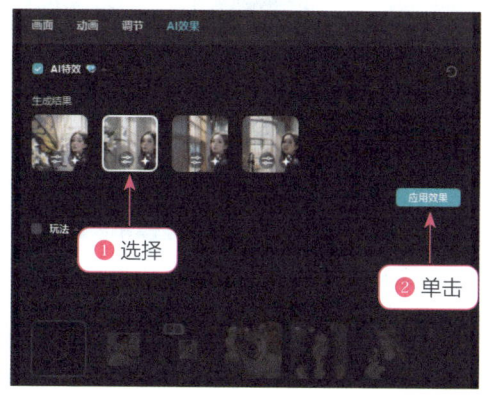

图 7-60 单击"生成"按钮

图 7-61 单击"应用效果"按钮

步骤 07 ❶ 单击"特效"按钮,进入"特效"功能区;❷ 在"画面特效"|Bling 选项卡中单击"星夜"特效右下角的"添加到轨道"按钮 ⊕,如图 7-62 所示。

步骤 08 添加一个装饰性的特效,调整特效的时长,使其对齐视频的时长,如图 7-63 所示。

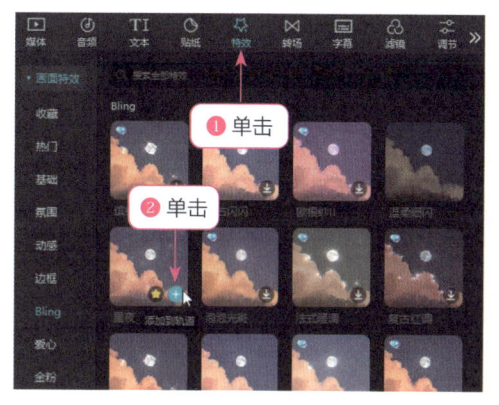

图 7-62 选择特效并添加到轨道中

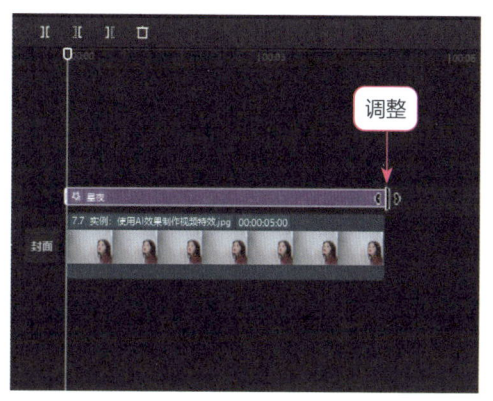

图 7-63 调整特效的时长

步骤 09 ❶ 切换至"音频"功能区;❷ 在"音乐素材"|"纯音乐"选项卡中单击相应音乐右下角的"添加到轨道"按钮 ⊕,如图 7-64 所示,为视频添加背景音乐。

步骤 10 ❶ 拖曳时间轴至视频的末尾位置;❷ 选择添加的背景音乐;❸ 单击"向右裁剪"按钮,如图 7-65 所示,即可删除多余的音频片段。

119

图 7-64 选择音乐并添加到轨道中　　图 7-65 删除多余的音频片段

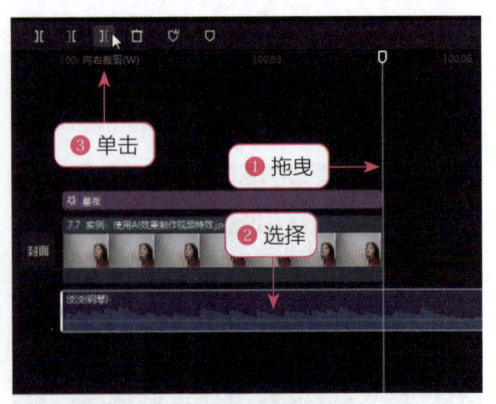

第 8 章

电影大片：氛围感调色与特效打造

◼ **本章要点**

在一些短视频平台上，经常可以看到色调清新且氛围感十足的电影画面，以及常常出现的特效画面，炫酷又神奇，深受大众的喜爱，轻轻松松就能收获百万点赞。本章将介绍电影大片中常用到的调色技巧以及特效制作技巧，从而帮助读者提高短视频的点赞量。

8.1 了解滤镜和"调节"功能

在剪映电脑版中给视频进行调色，已经变得越来越便捷化和专业化，相较于其他复杂的视频调色软件而言，剪映调色功能全面，而且操作十分简单。下面将介绍剪映中的滤镜和"调节"功能。

扫一扫，看视频　**步骤 01** 在"滤镜"功能区中提供了上百种滤镜，并且为各个滤镜进行了分类。用户可以根据需要选择使用合适的滤镜，如图8-1所示。

步骤 02 切换至"影视级"选项卡，其中有多种风格的影视滤镜，如"哥谭""暗调电影""质感电影"等电影滤镜，如图8-2所示。

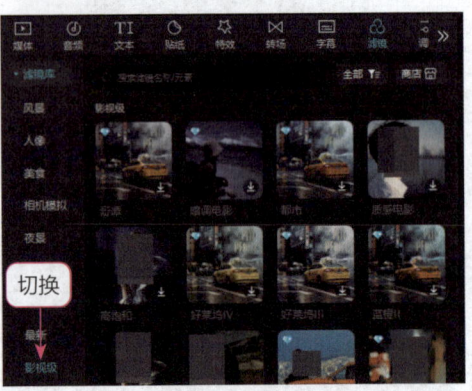

图 8-1 "滤镜"功能区　　　　图 8-2 切换至"影视级"选项卡

步骤 03 在"调节"操作区的"基础"选项卡中有5个操作功能，分别是"智能调色""色彩克隆""色彩校正""LUT"（Look-Up-Table，查找表）及"调节"功能，如图8-3所示。

步骤 04 选中"调节"复选框，在展开的选项中可以调整素材的色温、色调、饱和度、亮度、对比度、高光及阴影等，如图8-4所示。

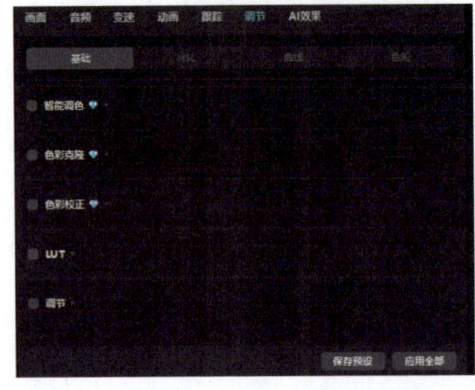

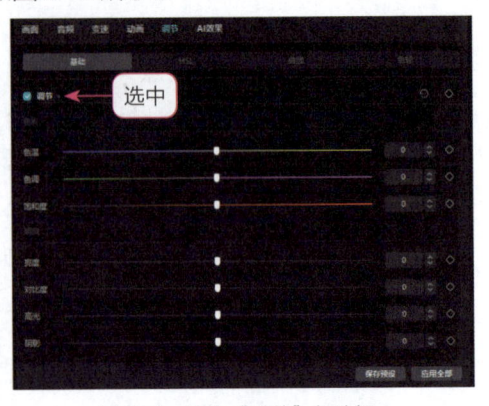

图 8-3 "调节"操作区　　　　图 8-4 选中"调节"复选框

第 8 章　电影大片：氛围感调色与特效打造

步骤 05 切换至 HSL 选项卡，HSL 是色相（Hue）、饱和度（Saturation）、亮度（Lightness）的英文简称，在其中可以调整视频画面的色相、饱和度及亮度，从而达到理想的效果，如图 8-5 所示。

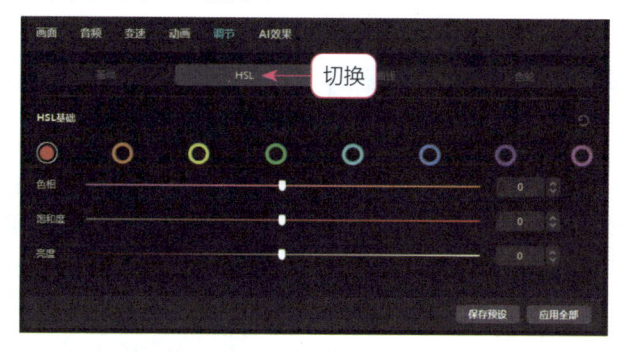

图 8-5　切换至 HSL 选项卡

8.2 认识电影中常用的特效类型

电影中通常会用到抠图特效、字幕特效、科幻特效、武侠特效及玄幻特效等。

不管是对于电影还是电视剧，抠图特效都是一种常用特效，如绿幕抠图、人物抠像。无论是剪映手机版还是电脑版都具备抠图、抠像的功能，主要是"色度抠图"功能和"智能抠像"功能。其中，"智能抠像"功能在第 1 章中已经详细介绍，本书主要介绍剪映电脑版中的"色度抠图"功能。

步骤 01 在剪映电脑版的视频轨道中添加一个背景素材，在画中画轨道中添加一个绿幕素材，如图 8-6 所示。

步骤 02 选择绿幕素材，在"画面"操作区的"抠像"选项卡中，❶ 选中"色度抠图"复选框；❷ 单击"取色器"按钮，如图 8-7 所示。

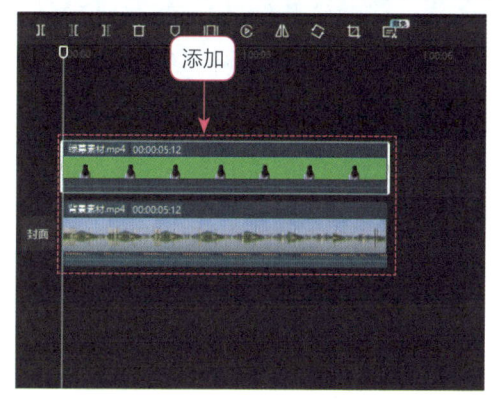

图 8-6　添加相应的素材　　　　图 8-7　单击"取色器"按钮

123

步骤 03 执行操作后，鼠标指针会变为取色器，在预览窗口中使用取色器选取绿幕素材中的绿色，如图 8-8 所示。

步骤 04 执行操作后，在"抠像"选项卡中会显示被拾取的颜色色块，如图 8-9 所示。

图 8-8 选取绿幕素材中的绿色

图 8-9 显示被拾取的颜色色块

步骤 05 拖曳"强度"和"阴影"滑块，可以调整对应的参数，对绿幕素材中的绿色进行抠图处理，如图 8-10 所示。

图 8-10 调整"强度"和"阴影"参数进行抠图

字幕特效在电影、电视剧中都有着重要的解说作用，为文字添加动画效果后，还能让普普通通的字幕变得更加好看、有趣，赋予文字更多的含义。

在剪映中，不仅可以创建文字，为文字添加动画效果，还可以直接应用文字模板，节省用户制作文字特效的时间。图 8-11 所示为剪映"文本"功能区中的"文字模板"素材库。

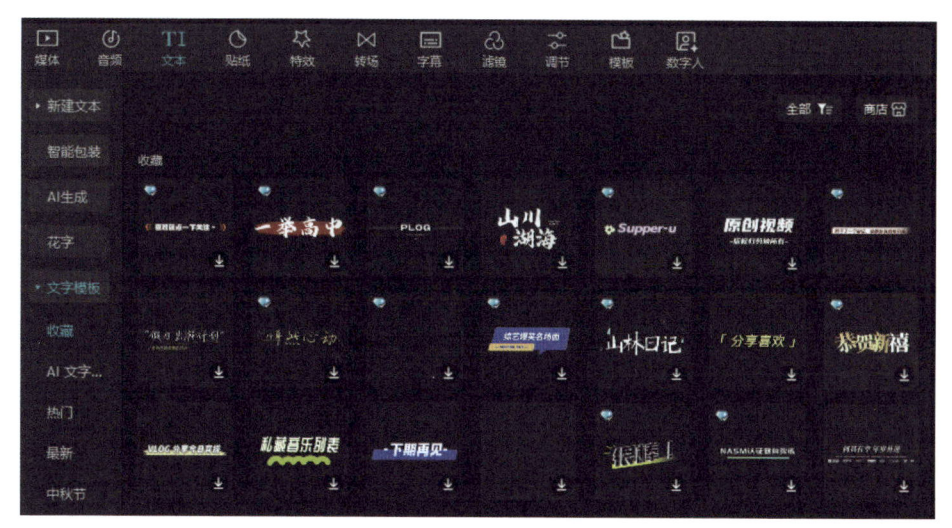

图 8-11 "文字模板"素材库

科幻特效常用于科技大片中，使用特效的频率非常高，不管是好莱坞的漫威英雄电影，还是探索宇宙的科幻电影，无一例外，都需要借助特效，才能展示出主角的厉害、实现各种场景效果。例如，漫威英雄电影中钢铁侠变身的特效、奇异博士的魔法特效等。

武侠特效想必是大家比较熟悉的一种。在武侠片中，特效可以说是使用得比较早的，各种道具效果和功夫演示都需要特效来完善。例如，邵氏武侠电影中的各种刀剑特效，都少不了各种道具和功夫特效，来达到书中所描述的武侠画面。

玄幻特效常用于仙侠片和神话片中，如腾云驾雾特效、召唤特效、灵魂出窍特效、穿墙术特效、御剑飞行特效以及剑气特效等。

8.3 实例：调出青橙电影色调

扫一扫，看效果　　　　　　扫一扫，看视频

【效果对比】青橙色调是电影中比较常见的一种色调，它主要由青色和橙色组成。调色后的视频画面整体呈现青、橙两种颜色，一个冷色调，一个暖色调，色彩对比非常鲜明，电影感十足，效果对比如图 8-12 所示。

图8-12 青橙电影色调效果对比

下面介绍在剪映电脑版中调出青橙电影色调的操作方法。

步骤01 在剪映电脑版中导入素材，❶单击"滤镜"按钮；❷切换至"影视级"选项卡；❸单击"青橙电影"滤镜中的"添加到轨道"按钮⊕，如图8-13所示，添加滤镜。

步骤02 调整"青橙电影"滤镜的时长，使其对齐视频的时长，如图8-14所示。

图8-13 选择滤镜并添加到轨道中

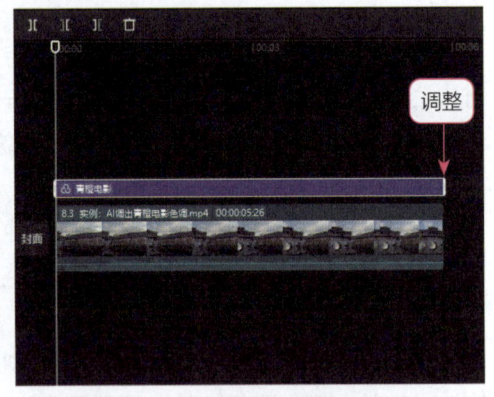

图8-14 调整"青橙电影"滤镜的时长

步骤03 选择视频素材，❶在右上方的操作区中单击"调节"按钮，进入"调节"操作区；❷选中"智能调色"复选框；❸设置"强度"参数为50，如图8-15所示，调节智能调色的效果。

图8-15 设置"强度"参数

第 8 章 电影大片：氛围感调色与特效打造

步骤 04 ❶ 选中"调节"复选框；❷ 在"调节"面板中设置"色温"参数为 10、"色调"参数为 -8、"饱和度"参数为 8，设置"亮度"参数为 8、"光感"参数为 -8，如图 8-16 所示，调整画面的明度和色彩，优化画面细节。

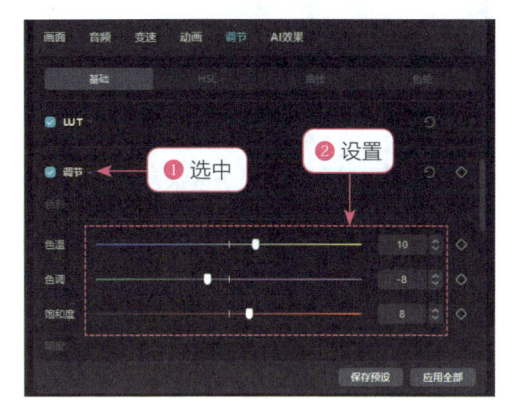

图 8-16　设置相关参数（1）

步骤 05 ❶ 切换至 HSL 选项卡；❷ 选择"橙色"选项◎；❸ 设置"饱和度"参数为 45，如图 8-17 所示，增强画面中橙色建筑物的色彩饱和度。

步骤 06 ❶ 选择"青色"选项◎；❷ 设置"色相"参数为 50、"饱和度"参数为 50，如图 8-18 所示，让画面中的青色色彩更加突出。

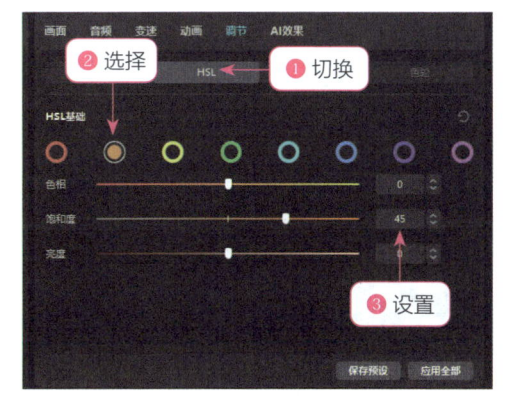

图 8-17　设置"饱和度"参数　　　　图 8-18　设置相关参数（2）

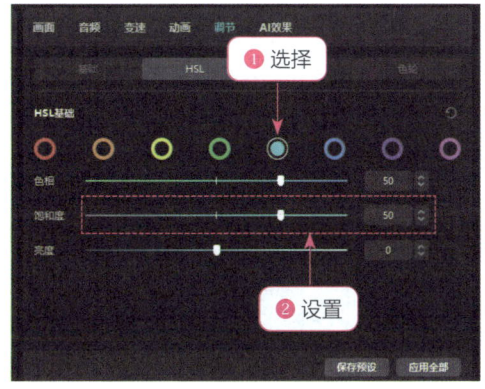

步骤 07 ❶ 选择"蓝色"选项◎；❷ 设置"色相"参数为 -20、"饱和度"参数为 10，如图 8-19 所示，再重点突出画面中的青色色彩。

步骤 08 操作完成后，即可在"播放器"面板中预览视频画面，如图 8-20 所示，最后单击"导出"按钮，导出视频。

127

图 8-19 设置相关参数（3）　　　图 8-20 预览视频画面

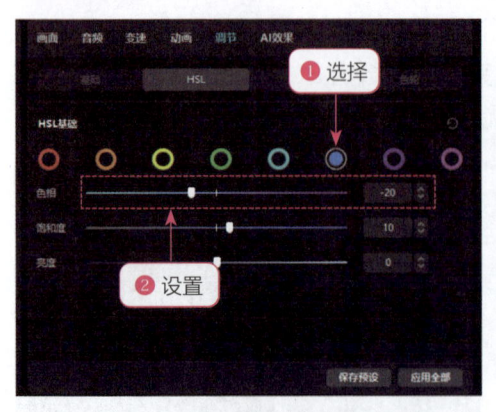

8.4 实例：调出莫兰迪电影色调

扫一扫，看效果　　　扫一扫，看视频

【效果对比】莫兰迪色调给人偏朴素淡雅的感觉，可以为电影画面营造出一种宁静、细腻且极具高级感的氛围，效果对比如图 8-21 所示。

图 8-21 莫兰迪电影色调效果对比

下面介绍在剪映电脑版中调出莫兰迪电影色调的操作方法。

步骤 01 在剪映电脑版中导入素材，❶ 在视频起始位置单击"滤镜"按钮；❷ 切换至"影视级"选项卡；❸ 单击"青黄"滤镜右下角的"添加到轨道"按钮，如图 8-22 所示。

步骤 02 调整"青黄"滤镜的时长，使其对齐视频的时长，如图 8-23 所示。

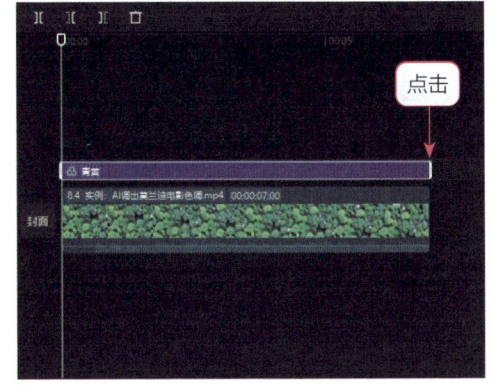

第 8 章 电影大片：氛围感调色与特效打造

图 8-22 选择滤镜并添加到轨道中　　图 8-23 调整"青黄"滤镜的时长

步骤 03 在"滤镜"面板中设置"强度"参数为 80，如图 8-24 所示，让滤镜效果更加自然。

步骤 04 选择视频素材，❶ 在右上方的操作区中单击"调节"按钮，进入"调节"操作区；❷ 选中"智能调色"复选框；❸ 设置"强度"参数为 80，如图 8-25 所示，优化视频画面。

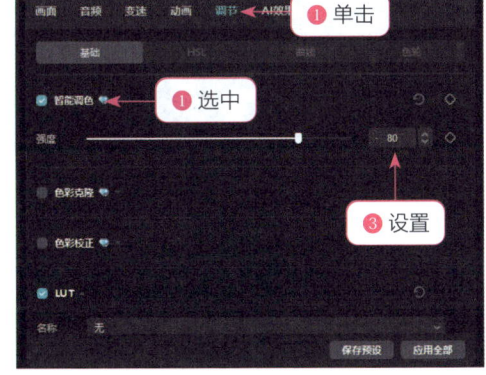

图 8-24 设置"强度"参数（1）　　图 8-25 设置"强度"参数（2）

步骤 05 在"调节"面板中设置"色温"参数为 -12、"色调"参数为 8、"饱和度"参数为 6、"亮度"参数为 6、"对比度"参数为 6、"高光"参数为 5、"光感"参数为 -6，如图 8-26 所示，调整画面的明度和色彩，优化画面细节。

步骤 06 ❶ 切换至 HSL 选项卡；❷ 选择"绿色"选项 ；❸ 设置"色相"参数为 40、"饱和度"参数为 20、"亮度"参数为 -20，如图 8-27 所示，调整画面中的绿色色彩。

步骤 07 ❶ 选择"青色"选项 ；❷ 设置"色相"参数为 -25，如图 8-28 所示，让色彩偏青绿一些。执行上述操作后，即可在"播放器"面板中预览视频。

129

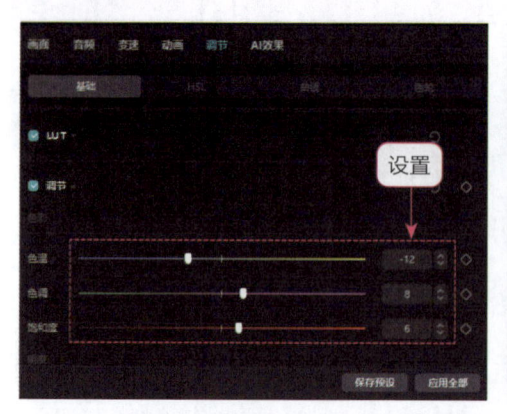

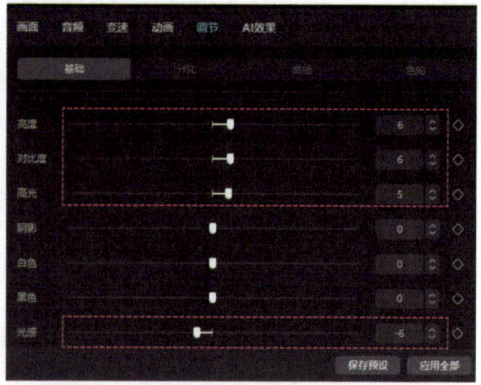

图 8-26 设置相关参数（1）

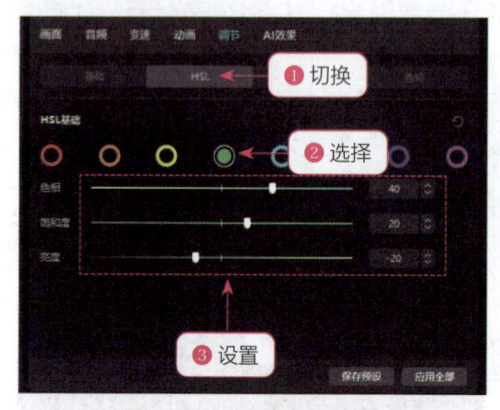

图 8-27 设置相关参数（2）　　　　　　图 8-28 设置"色相"参数

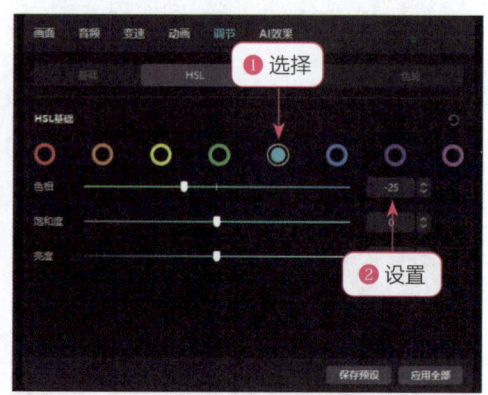

8.5 实例：使用"色度抠图"功能制作卷轴开幕特效

扫一扫，看效果　　　　　　　　　　扫一扫，看视频

【效果展示】在剪映中制作卷轴开幕特效，需要用到卷轴绿幕素材，首先通过"色度抠图"功能来制作卷轴开幕，然后为视频添加一个合适的文字模板，将模板中的文字内容修改后，即可完成特效的制作，效果如图 8-29 所示。

图 8-29 卷轴开幕特效效果展示

下面介绍在剪映电脑版中制作卷轴开幕特效的操作方法。

步骤 01 在剪映电脑版中依次导入一段背景视频素材和一段绿幕视频素材,如图 8-30 所示。

步骤 02 将两段视频素材分别添加到视频轨道和画中画轨道中,如图 8-31 所示。

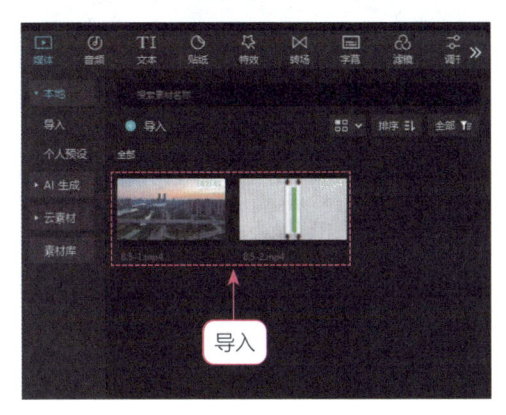

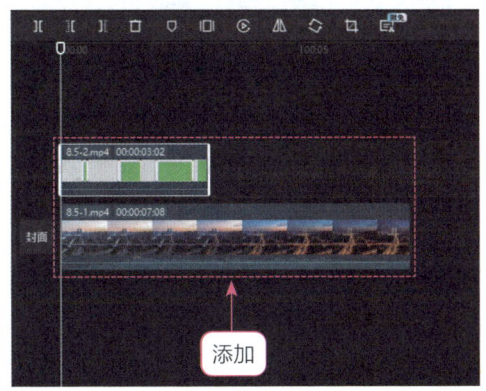

图 8-30 导入相应的视频素材　　图 8-31 将两段视频素材添加到相应的轨道中

步骤 03 选择绿幕视频素材,在"画面"操作区的"抠像"选项卡中,❶选中"色度抠图"复选框;❷单击"取色器"按钮,如图 8-32 所示。

步骤 04 在"播放器"面板的预览窗口中,使用取色器选取画面中的绿色,如图 8-33 所示。

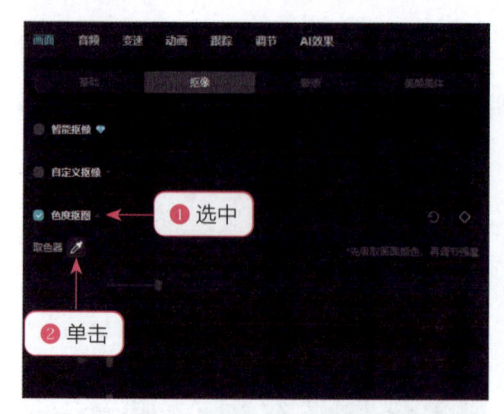

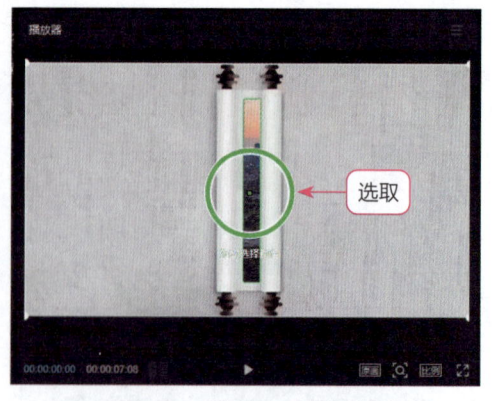

图8-32 单击"取色器"按钮　　　　　图8-33 选取画面中的绿色

步骤 05 选取颜色后，在"画面"操作区的"抠像"选项卡中，❶ 设置"强度"参数为80；❷ 设置"阴影"参数为100，如图8-34所示，抠取画面中的绿色，显示背景视频画面。

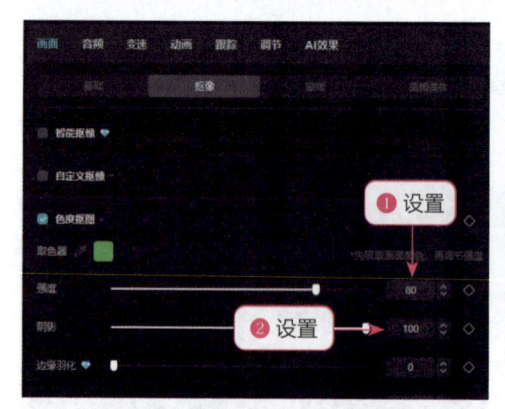

步骤 06 拖曳时间轴至 00:00:01:00 的位置，在"文本"功能区中，❶ 切换至"文字模板"|"片头标题"选项卡；❷ 在"人间烟火"文字模板上单击"添加到轨道"按钮➕，如图8-35所示。

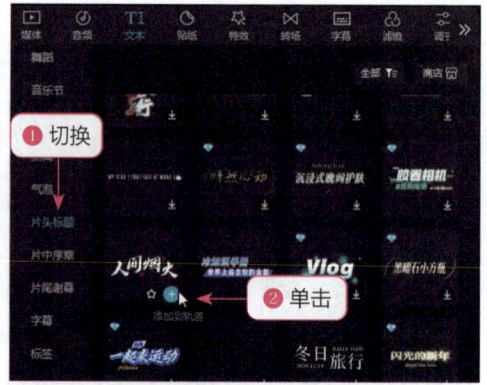

图8-34 设置"阴影"参数　　　　　图8-35 选择文字模板并添加到轨道中

> **温馨提醒**
>
> 强度设置会影响抠图的精细度，因此，用户需要根据实际情况适度调整。

步骤 07 执行操作后，即可将文字模板添加到字幕轨道中，如图8-36所示。

步骤 08 在"文本"操作区中，修改原来的文本内容，如图8-37所示。至此，完成卷轴开幕特效的制作。

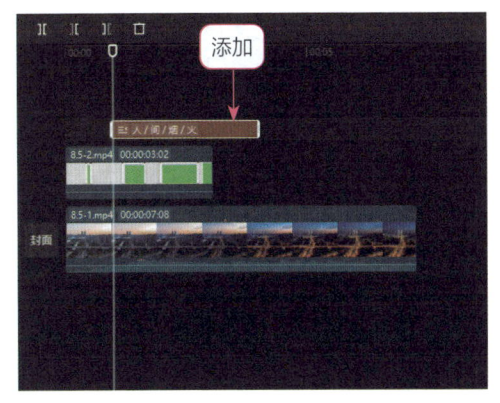

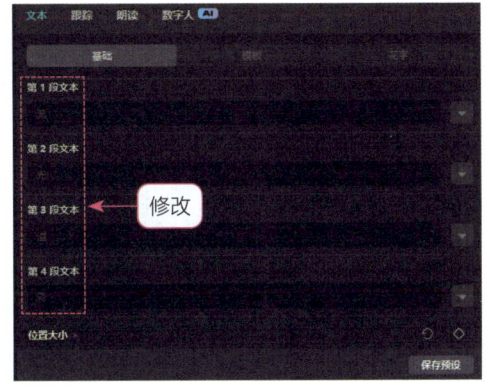

第 8 章 电影大片：氛围感调色与特效打造

图 8-36 将文字模板添加到字幕轨道中　　　图 8-37 修改文本内容

8.6 实例：制作灵魂出窍特效

扫一扫，看效果　　　　　　扫一扫，看视频

【效果展示】"灵魂附体""灵魂出窍"这样的桥段可谓是比较常见的特效了，在很多电影或影视剧中都会用到。在剪映中，用户可以通过对人像进行抠像、调整不透明度来制作灵魂出窍特效，效果如图 8-38 所示。

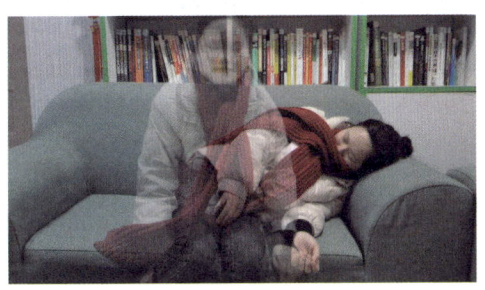

图 8-38 "灵魂出窍"效果展示

下面介绍在剪映电脑版中制作灵魂出窍特效的操作方法。

步骤 01 在剪映电脑版中导入两段人物视频素材（一段是人物一直半卧不动，另一段是人物从半卧慢慢坐起来的），如图 8-39 所示。

步骤 02 将两段视频素材分别添加到视频轨道和画中画轨道中，如图 8-40 所示。

133

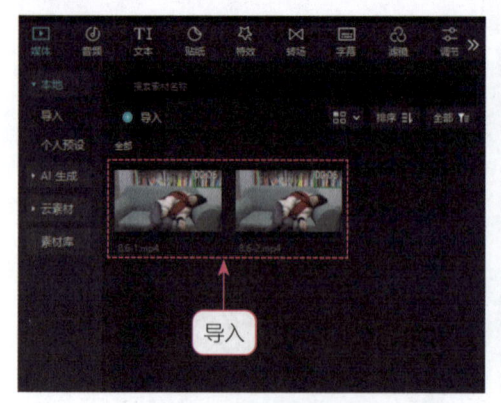

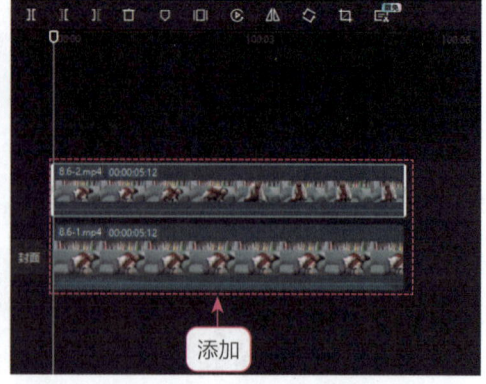

图 8-39 导入视频素材　　图 8-40 将两段视频素材添加到相应的轨道

步骤 03 选择画中画轨道中的视频素材，在"画面"操作区的"抠像"选项卡中，选中"智能抠像"复选框，如图 8-41 所示，对人物进行抠像。

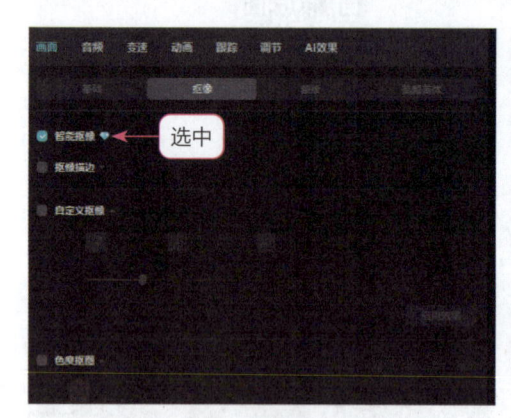

步骤 04 ❶切换至"基础"选项卡；❷在"混合"选项区中设置"不透明度"参数为 50%，如图 8-42 所示。至此，完成灵魂出窍特效的制作。

图 8-41 选中"智能抠像"复选框　　图 8-42 设置"不透明度"参数

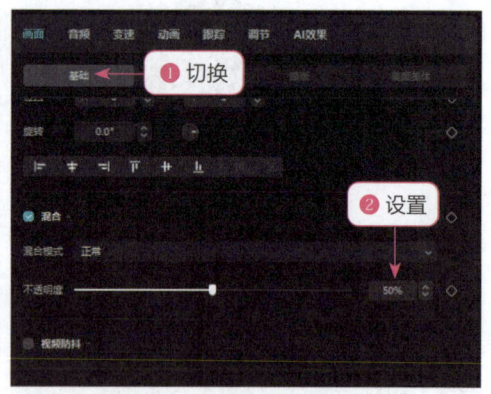

8.7 实例：制作时间倒退特效

扫一扫，看效果　　扫一扫，看视频

【效果展示】我们经常能在荧幕上看到时间快速跳转的画面。例如，时间或往前飞速流逝，或往后快速倒退，有从年份开始跳转的，也有从月份开始跳转的。在剪映中，

第8章 电影大片：氛围感调色与特效打造

为视频添加"胶片Ⅳ"特效和"放映滚动"特效可以使视频具有年代感；应用"滚入"入场动画，可以制作出文字快速滚动跳转的效果。将视频与文字相结合便可以制作出时间快速跳转的效果，效果如图8-43所示。

图8-43 时间倒退效果展示

下面介绍在剪映电脑版中制作时间倒退特效的操作方法。

步骤 01 在剪映电脑版中导入视频素材，并添加到视频轨道中，如图8-44所示。

步骤 02 在"特效"功能区的"复古"选项卡中，单击"胶片Ⅳ"特效中的"添加到轨道"按钮➕，如图8-45所示。

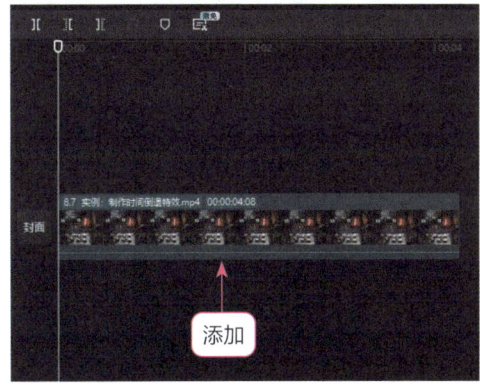

图8-44 添加视频素材　　图8-45 选择特效并添加到轨道中（1）

步骤 03 执行操作后，即可将"胶片Ⅳ"特效添加到轨道中，调整特效的时长，使其与视频的时长一致，如图8-46所示。

135

步骤 04 在"特效"功能区的"复古"选项卡中，单击"放映滚动"特效中的"添加到轨道"按钮+，如图8-47所示。

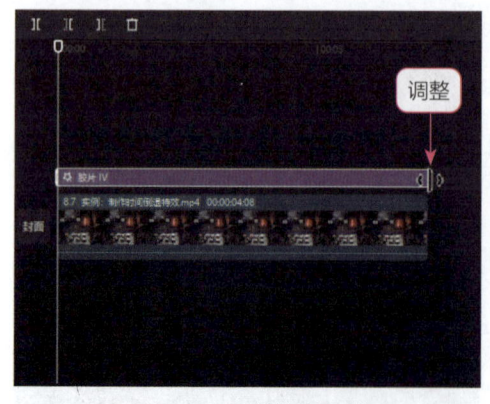

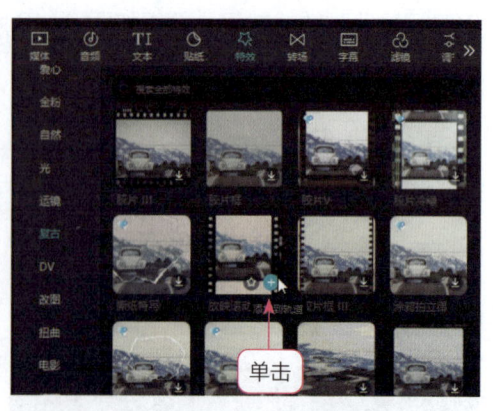

图8-46 调整特效的时长

图8-47 选择特效并添加到轨道中（2）

步骤 05 执行操作后，即可添加"放映滚动"特效，如图8-48所示。

步骤 06 在"文本"功能区中，单击"默认文本"中的"添加到轨道"按钮+，在字幕轨道中添加一个默认文本，调整文本的时长为4秒左右，如图8-49所示。

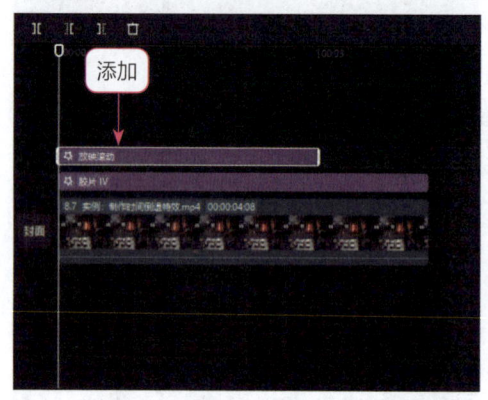

图8-48 添加"放映滚动"特效

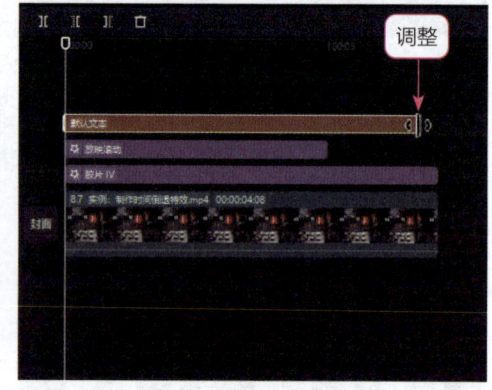

图8-49 调整文本的时长

步骤 07 在"文本"操作区的"基础"选项卡中，❶输入文本内容"20 年6月"；❷设置一款合适的字体；❸设置"颜色"为橙色，如图8-50所示。

步骤 08 在"排列"选项区中设置"字间距"参数为3，如图8-51所示，拉开文字之间的距离。

步骤 09 在"动画"操作区的"入场"选项卡中，❶选择"放大"动画；❷设置"动画时长"参数为0.2s，如图8-52所示。

步骤 10 ❶切换至"出场"选项卡；❷在"出场"选项区中选择"闭幕"动画，如图8-53所示。

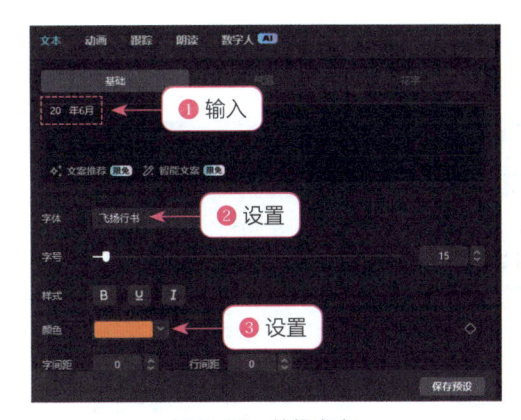

图 8-50 编辑文本

图 8-51 设置"字间距"参数

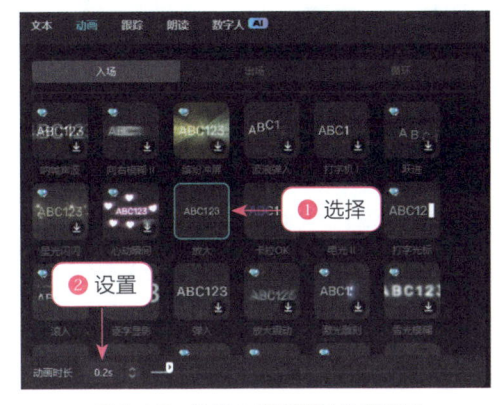

图 8-52 选择入场动画并设置时长

图 8-53 选择出场动画

步骤 11 复制制作的文本，将其粘贴至第 2 条字幕轨道中，如图 8-54 所示。

步骤 12 放大"时间线"面板中素材的预览长度，❶ 拖曳时间轴至入场动画的结束位置（即 00:00:00:05 的位置）；❷ 单击"分割"按钮，将文本分割为两段；❸ 选择分割后的前一段文本；❹ 单击"删除"按钮，如图 8-55 所示，将选择的文本删除。

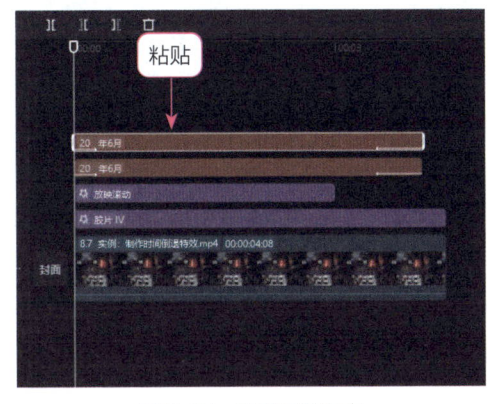

图 8-54 粘贴字幕文本

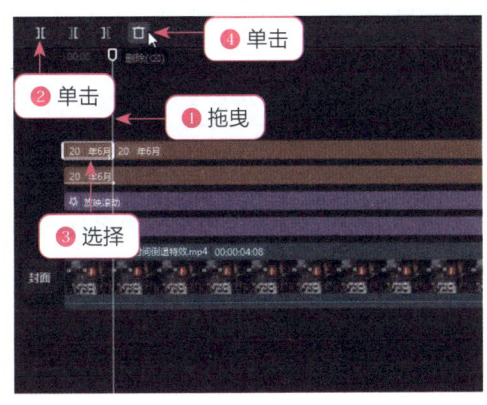

图 8-55 分割文本

步骤 13 执行操作后,选择剩下的文本,在"文本"操作区的"基础"选项卡中,❶ 修改文本内容为 10;❷ 修改"颜色"为白色,如图 8-56 所示。

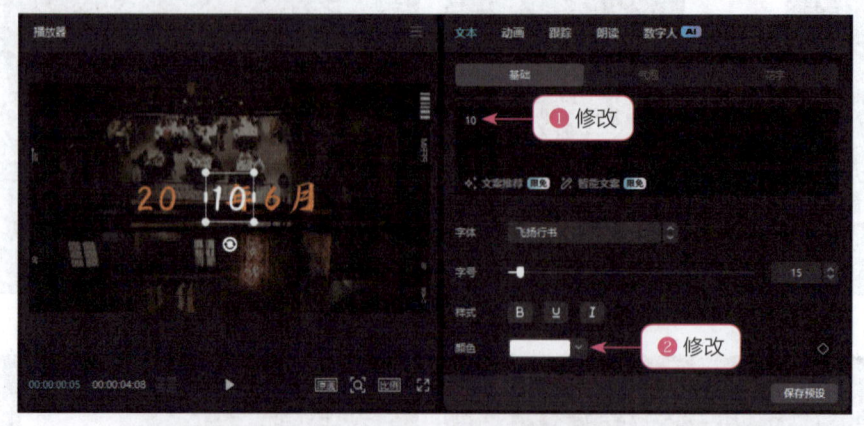

图 8-56 修改文本内容和颜色

> **温馨提醒**
>
> 在剪映中,00:00:01:00 表示为 1 秒;00:00:00:03 表示为 3 帧;1 秒由 30 帧组成。

步骤 14 设置"位置"中的 X 参数为 -272、Y 参数为 0,如图 8-57 所示,使白色文本置于橙色文本中的空白位置,连起来读便是"2010 年 6 月"。

步骤 15 ❶ 将时间轴拖曳至 00:00:00:15 的位置;❷ 单击"分割"按钮,如图 8-58 所示,将文本再次分割。

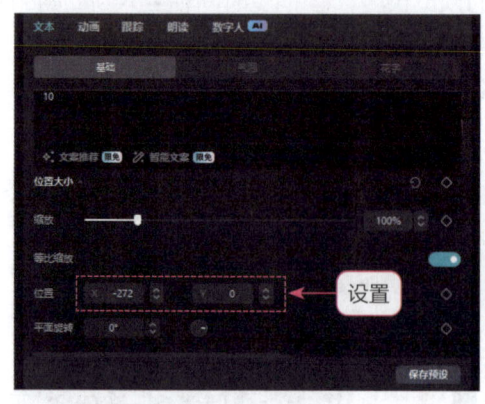

图 8-57 设置"位置"参数　　　图 8-58 再次分割文本

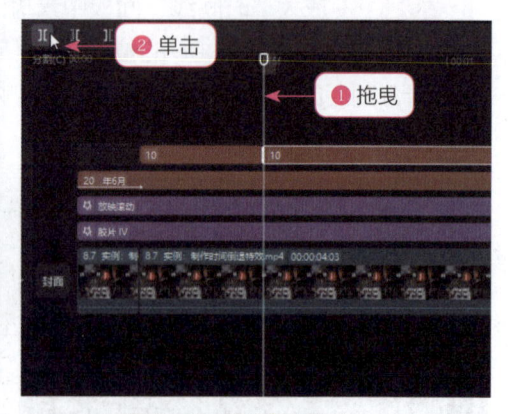

步骤 16 选择分割后的第 2 段文本,在"文本"操作区的"基础"选项卡中修改文本内容为 09,如图 8-59 所示。此时画面中的字幕连起来读便是"2009 年 6 月",即时间向后倒退了一年。

步骤 17 ❶ 将时间轴拖曳至 00:00:00:25 的位置；❷ 再次分割文本并修改文本内容为 08，如图 8-60 所示。

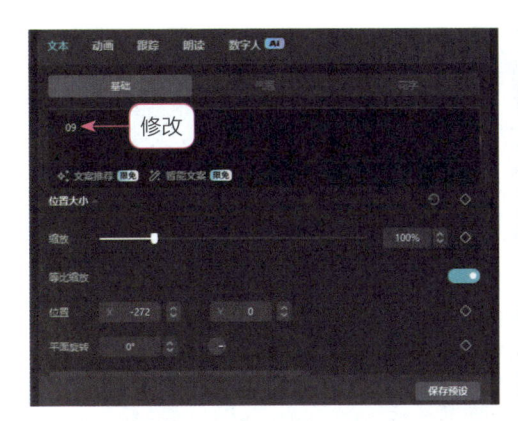

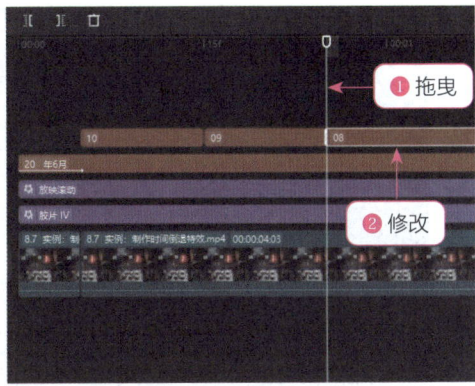

图 8-59　修改文本内容

图 8-60　分割文本并修改文本内容

步骤 18 用与上面同样的方法，每隔 15 帧将文本分割一次，并分别修改文本为 07、06、05、04，如图 8-61 所示。将时间从 2010 年 6 月一直倒退到 2004 年 6 月。

步骤 19 选择数字为 10 的文本，在"动画"操作区的"入场"选项卡中，❶ 选择"滚入"动画；❷ 设置"动画时长"参数为 0.3s，如图 8-62 所示，为文本添加滚动翻转的入场动画效果。

图 8-61　多次分割文本并修改内容

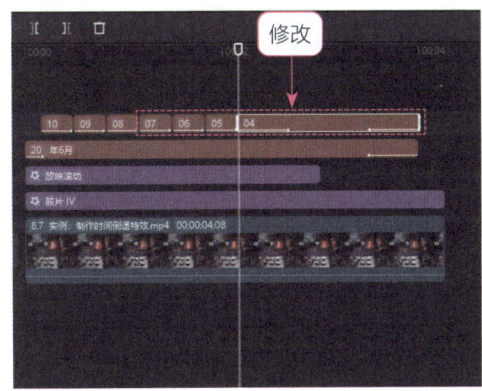

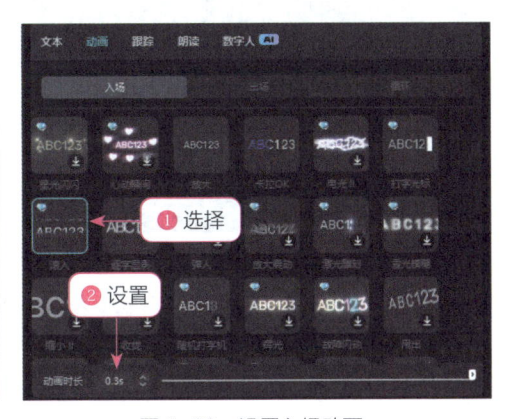

图 8-62　设置入场动画

步骤 20 用与上面同样的方法，分别为后面数字为 09、08、07、06、05、04 的文本添加"滚入"入场动画，如图 8-63 所示。执行上述操作后，即可实现时间快速跳转的文字动画效果。

步骤 21 将时间轴拖曳至开始位置，在"音频"功能区的"音效素材"选项卡中，❶ 输入并搜索"投影仪放映声音音效"；❷ 单击"投影仪放映声音音效"中的"添加到轨道"按钮 ➕，如图 8-64 所示。

步骤 22 执行操作后,即可在音频轨道中添加一段音效,如图8-65所示。至此,完成时间倒退特效的制作。

图8-63 添加"滚入"入场动画

图8-64 选择音效并添加到轨道中

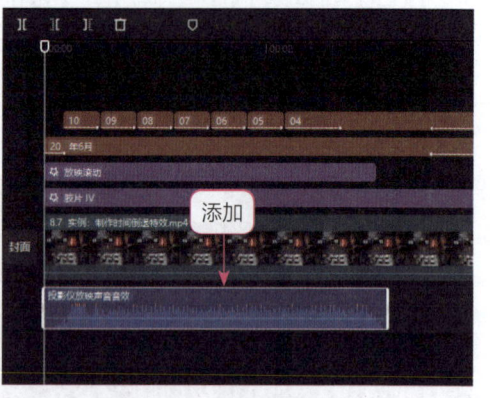

图8-65 添加一段音效

▶ 温馨提醒

由于视频中没有背景声音,因此将时间快速跳转的文字动画制作完成后,可以在"音频"功能区中为视频添加背景音乐或背景音效,使视频更完整。

第 9 章
爆款文字：让你的作品具有高级感

■ **本章要点**

抖音上有许多热门、好玩、有创意的文字视频，想要让自己的短视频也拥有这些效果吗？本章将介绍文字分割插入效果、专属标识文字效果以及文字旋转分割效果的具体操作方法，让作品具有高级感！

9.1 了解爆款文字的关键

文字可以为视频增色，能够很好地向观众传递视频信息和制作理念，是视频后期剪辑中一种重要的艺术手段。当文字以各种字体、样式以及动画等形式出现时，更能为视频起到画龙点睛的作用。

扫一扫，看视频　　抖音上的一些镂空文字、海报文字、粒子消散文字以及影片片头文字等热门的文字视频，看上去好像很难做，其实在剪映中就可以制作出来。

图 9-1 所示为使用剪映制作的爆款文字效果。这些爆款文字不仅可以应用到电影、综艺中，还可以应用到日常 Vlog 和商业广告中。

图 9-1　使用剪映制作的爆款文字效果

在剪映中要想制作出爆款文字，首先需要了解文字动画效果的制作方法。图 9-2 所示为剪映文字"动画"操作区。其中包括文字的入场动画、出场动画以及循环动画等效果。用户可以根据需要，选择合适的动画效果，并设置动画的持续时长，使文字更具观赏性。

图 9-2 剪映文字"动画"操作区

除了可以为文字添加动画效果外，用户还可以在"文本"操作区的"基础"选项卡中为文字设置字体、样式、位置大小以及描边等；在文字不同的时间位置添加"缩放""位置""旋转"等关键帧，可以让文字动起来。图 9-3 所示为"文本"操作区的"基础"选项卡。

图 9-3 剪映"文本"操作区的"基础"选项卡

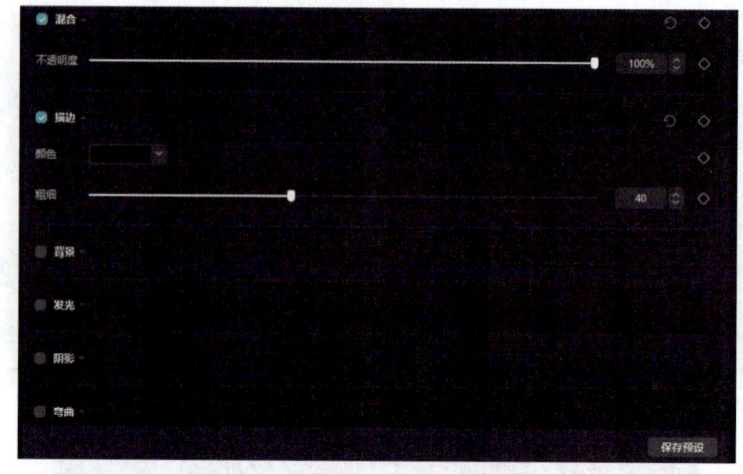

图 9-3（续）

除了要了解动画制作外，用户还需要了解文字合成效果的制作。在剪映中可以将文字做成背景颜色为黑色的视频导出备用，再通过"滤色"混合模式将文字视频中的黑色背景去除，对文字视频进行合成应用。文字合成是本章案例效果制作的关键所在。希望读者认真学习本章内容，举一反三、灵活应用。

9.2 实例：制作文字分割插入效果

扫一扫，看效果　　　　　　扫一扫，看视频

【效果展示】在剪映中制作文字分割插入效果，需要先制作一个黑底的白色文字视频，然后使用"滤色"混合模式，并为文字视频添加矩形蒙版和关键帧，将文字中间的部分遮盖住，再在中间部分添加第 2 段文字，效果如图 9-4 所示。

图 9-4　文字分割插入效果展示

图 9-4（续）

下面介绍使用剪映电脑版制作文字分割插入效果的操作方法。

步骤 01 打开剪映电脑版，进入"媒体"功能区，❶ 单击"文本"按钮，进入"文本"功能区；❷ 单击"默认文本"右下角的"添加到轨道"按钮 ，如图 9-5 所示。

步骤 02 ❶ 在剪映的字幕轨道中添加一个默认文本；❷ 调整文本的时长为 5s，如图 9-6 所示。

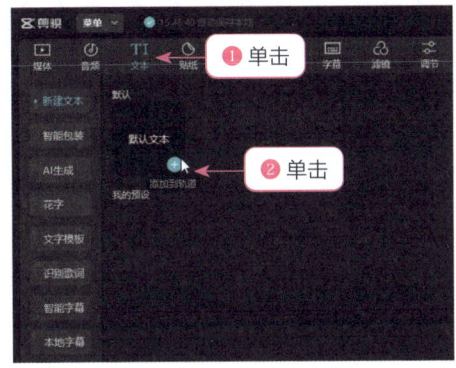

图 9-5 添加默认文本到轨道中　　　图 9-6 调整文本的时长

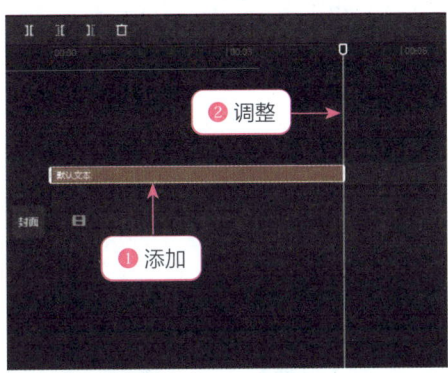

步骤 03 在"文本"操作区的"基础"选项卡中输入文本内容"似温柔弥漫"，如图 9-7 所示。

步骤 04 在"播放器"面板中调整文字的位置，如图 9-8 所示。执行操作后，将文本导出为视频备用。

图 9-7 输入文本内容　　　图 9-8 导入文字视频和背景视频

步骤 05 新建一个草稿文件，导入两段视频素材，❶ 将背景视频添加到视频轨道中；❷ 将文字视频添加到画中画轨道中，如图 9-9 所示。

步骤 06 选择文字视频，在"画面"操作区的"基础"选项卡中，❶ 设置"混合模式"为"滤色"模式；❷ 设置"缩放"参数为 125%，如图 9-10 所示。

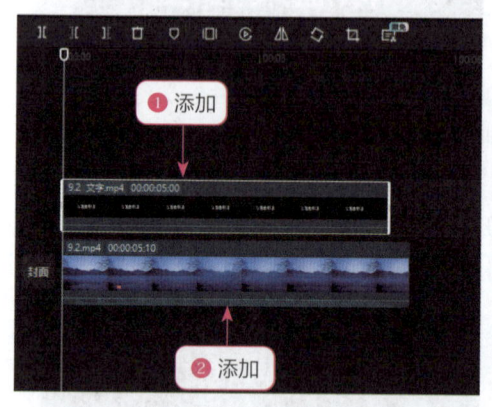

图 9-9　将文字视频添加到画中画轨道中

图 9-10　设置文字视频基础参数

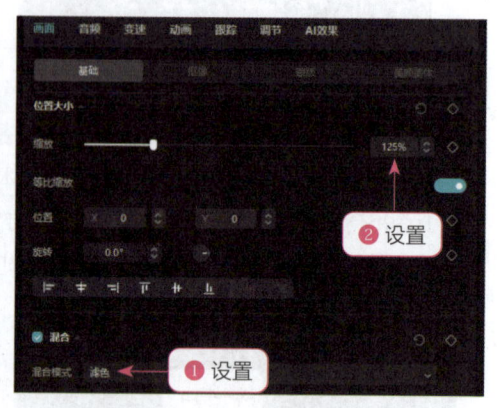

步骤 07 在"蒙版"选项卡中，❶ 选择"矩形"蒙版；❷ 设置"位置"中的 X 参数为 1667、Y 参数为 50；❸ 单击"反转"按钮，如图 9-11 所示。

步骤 08 在"播放器"面板中调整蒙版的位置、大小，如图 9-12 所示。

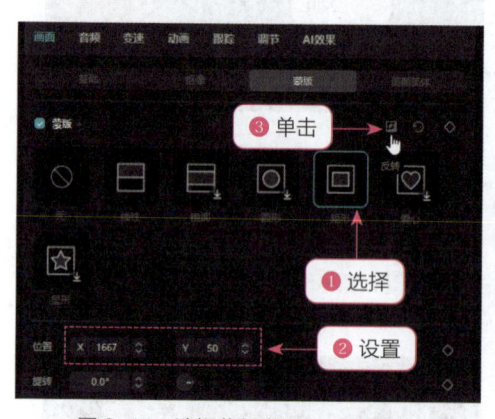

图 9-11　选择蒙版类型并设置参数

图 9-12　调整蒙版的位置、大小

步骤 09 ❶ 拖曳时间轴至 00:00:00:20 的位置；❷ 添加一个默认文本并调整文本的时长，使其与文字视频的结束位置对齐，如图 9-13 所示。

步骤 10 在"文本"操作区的"基础"选项卡中输入第 2 段文字内容，如图 9-14 所示。

步骤 11 ❶ 在"排列"选项区中设置"字间距"参数为 4；❷ 在"位置大小"选项区中设置"缩放"参数为 28%，调整文字的位置，使第 2 段文字刚好置于第 1

段文字被遮盖的中间位置，如图9-15所示。

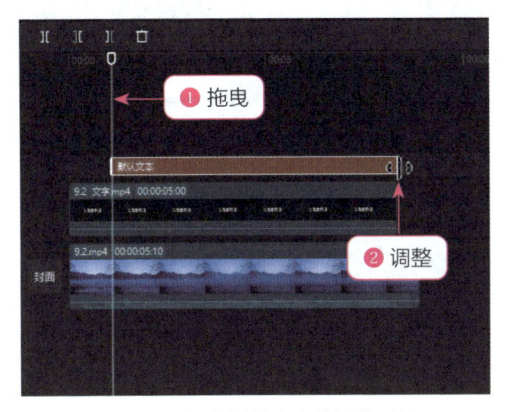

图9-13 添加默认文本并调整时长 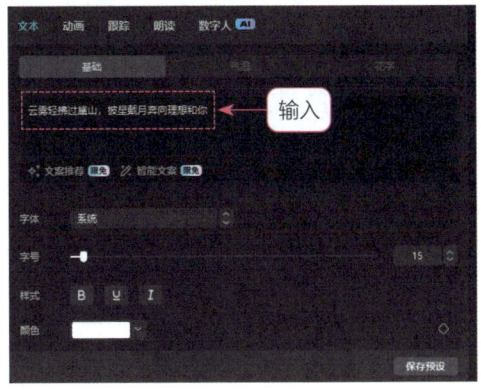　　图9-14 输入第2段文字内容

图9-15 设置第2段文字"字间距"和"缩放"参数

步骤 12 ❶单击"动画"按钮，进入"动画"操作区；❷在"入场"选项卡中选择"打字机Ⅱ"动画；❸设置"动画时长"参数为2.0s，如图9-16所示，使文本逐字显示。

步骤 13 ❶选择画中画轨道中的文字视频；❷将时间轴拖曳至00:00:02:15的位置，如图9-17所示。

步骤 14 在"画面"操作区的"蒙版"选项卡中单击"大小"右侧的"添加关键帧"按钮◆，如图9-18所示。

步骤 15 将时间轴拖曳至开始位置，在"画面"操作区的"蒙版"选项卡中设置"大小"中的"长"参数为1667、"宽"参数为200，如图9-19所示。将第1段文字内容完全遮盖住，此时在开始位置会自动添加一个蒙版关键帧，生成一个文字从上下两端向中间滑动的动画。至此，完成文字分割插入效果的制作。

147

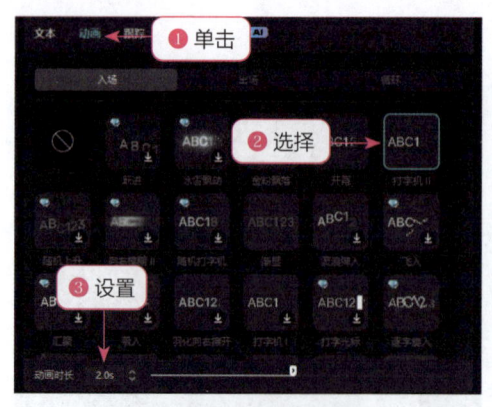

图 9-16 选择入场动画并设置时长

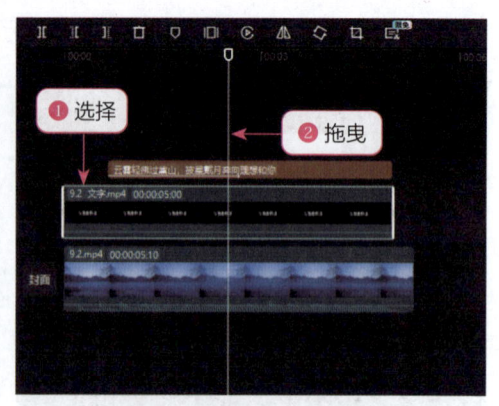

图 9-17 位置文字视频时长

图 9-18 单击"大小"右侧的"添加关键帧"按钮

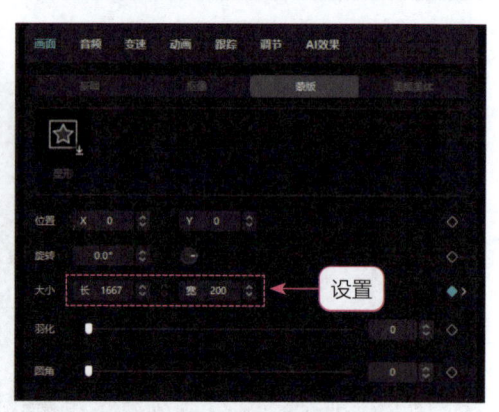

图 9-19 设置"大小"参数

9.3 实例：制作专属标识文字效果

扫一扫，看效果　　　　　扫一扫，看视频

【效果展示】很多视频中都有自己专属的标识，在剪映中也可以通过贴纸和文字制作出来，然后将制作的文字视频与背景视频合成处理，再为制作的专属标识添加动画效果即可，效果如图 9-20 所示。

第 9 章 爆款文字：让你的作品具有高级感

图 9-20 专属标识文字效果展示

下面介绍使用剪映电脑版制作专属标识文字效果的操作方法。

步骤 01 打开剪映电脑版，进入"媒体"功能区，在"媒体"功能区的"素材库"选项卡中单击透明素材右下角的"添加到轨道"按钮，如图 9-21 所示。

步骤 02 执行操作后，即可将透明素材添加到视频轨道中，如图 9-22 所示。

图 9-21 选择透明素材并添加到轨道中　　图 9-22 添加透明素材

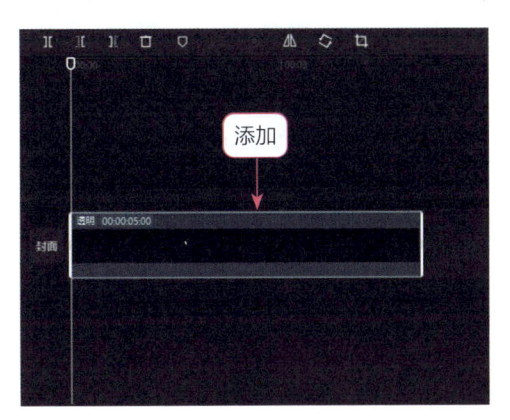

步骤 03 在"画面"操作区的"背景填充"选项卡中设置视频的背景颜色，如图 9-23 所示。

步骤 04 在"贴纸"功能区的"收藏"选项卡中单击所选方框中的"添加到轨道"按钮，如图 9-24 所示。

图 9-23 设置视频的背景颜色 　　　　图 9-24 选择贴纸并添加到轨道中

步骤 05 执行操作后，即可将贴纸添加到轨道中，调整贴纸的时长，使其与透明素材的时长一致，如图 9-25 所示。

步骤 06 在"贴纸"操作区中设置"缩放"参数为 135%，如图 9-26 所示，适当调整贴纸的画面大小。

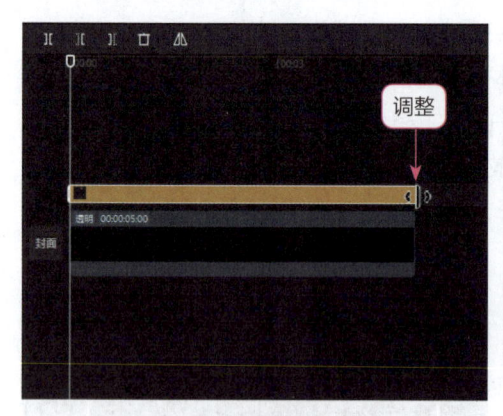

图 9-25 调整贴纸的时长 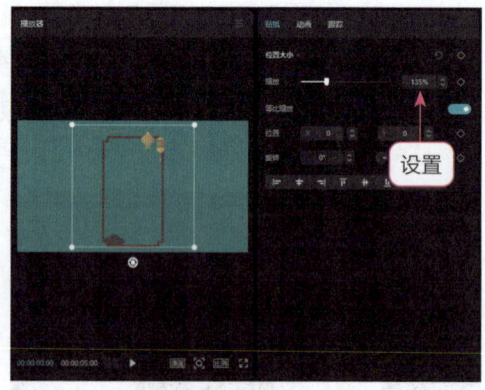　　　　图 9-26 设置贴纸的参数

步骤 07 执行操作后，在字幕轨道中添加一个默认文本，并调整文本的时长，使其对齐透明素材的结束位置，如图 9-27 所示。

步骤 08 在"文本"操作区的"基础"选项卡中，❶ 输入文本内容"古舞"；❷ 设置一款合适的字体；❸ 设置"字间距"参数为 5，调整文字之间的间距；❹ 单击"对齐方式"右侧的第 4 个按钮，如图 9-28 所示，设置文本竖向置顶对齐。

步骤 09 在"位置大小"选项区中，❶ 设置"缩放"参数为 140%；❷ 设置"位置"中的 X 参数为 -200、Y 参数为 0，如图 9-29 所示。

步骤 10 复制制作完成的"古舞"文本，将其粘贴至第 2 条字幕轨道中，如图 9-30 所示。

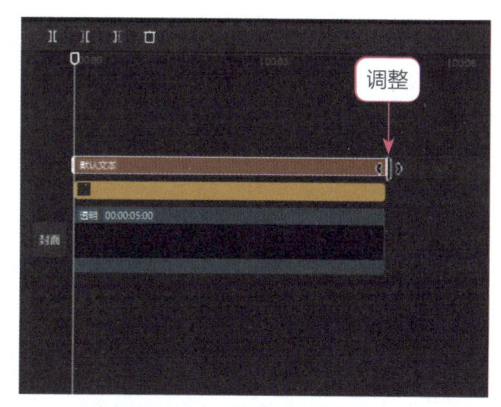

图 9-27 调整文本的时长

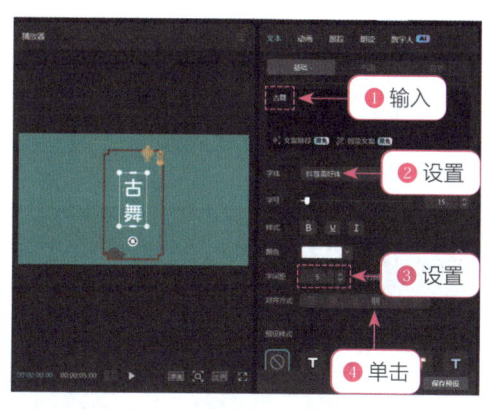

图 9-28 编辑文本相关参数

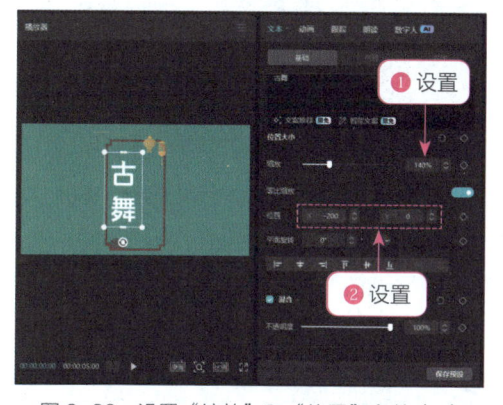

图 9-29 设置"缩放"和"位置"参数（1）

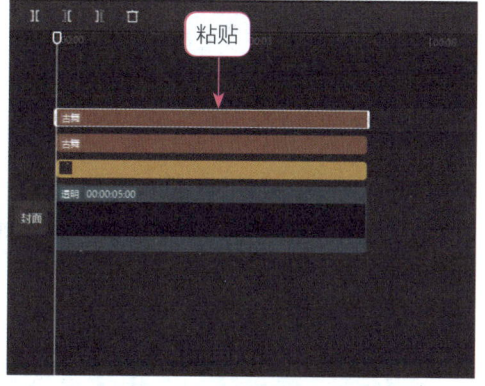

图 9-30 粘贴文本至第 2 条字幕轨道中

步骤 11 在"文本"操作区的"基础"选项卡中修改文本内容为"国风"，如图 9-31 所示。

步骤 12 在"位置大小"选项区中，❶设置"缩放"参数为 35%；❷设置"位置"中的 X 参数为 235、Y 参数为 360，如图 9-32 所示。

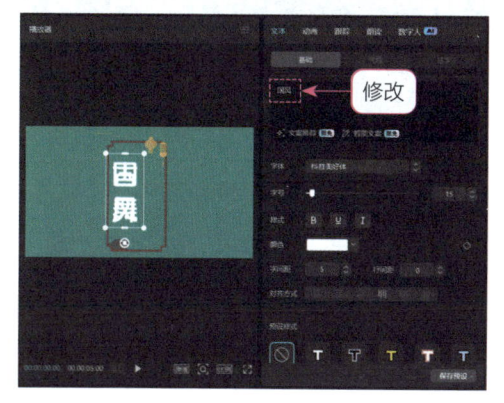

图 9-31 修改文本内容

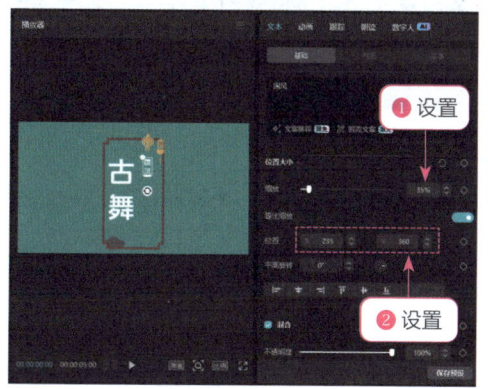

图 9-32 设置"缩放"和"位置"参数（2）

步骤 13 在"气泡"选项卡中选择一个红底白字气泡,如图9-33所示,即可添加到视频画面中。

步骤 14 复制制作的第1条"古舞"文本,将其粘贴至第3条字幕轨道中,如图9-34所示。

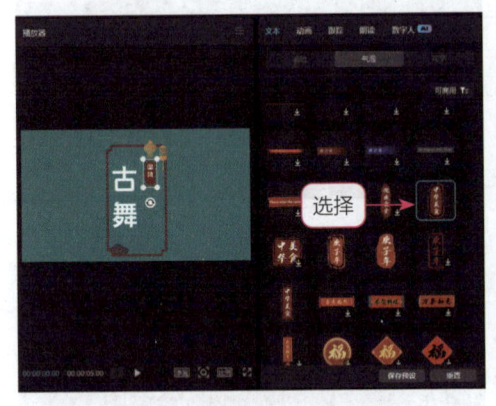

图9-33 选择一个红底白字气泡 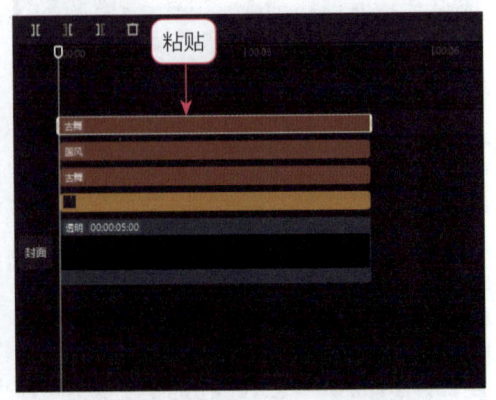　　图9-34 粘贴文本至第3条字幕轨道中

步骤 15 在"文本"操作区的"基础"选项卡中,❶ 修改文本内容为"展现文化魅力";❷ 修改"字间距"参数为0,如图9-35所示。

步骤 16 在"位置大小"选项区中,❶ 设置"缩放"参数为40%;❷ 设置"位置"中的X参数为338、Y参数为-355,如图9-36所示。

图9-35 修改文本参数 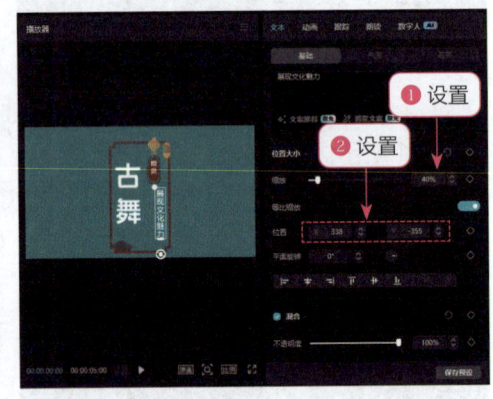　　图9-36 设置"缩放"和"位置"参数(3)

步骤 17 复制"展现文化魅力"文本,将其粘贴至第4条字幕轨道中,在"文本"选项卡中修改文本内容为 zhan xian wen hua mei li(即"展现文化魅力"的拼音),如图9-37所示。

步骤 18 在"位置大小"选项区中,❶ 设置"缩放"参数为22%;❷ 设置"位置"中的X参数为200、Y参数为-355,如图9-38所示。执行上述操作后,将文字导出为视频备用。

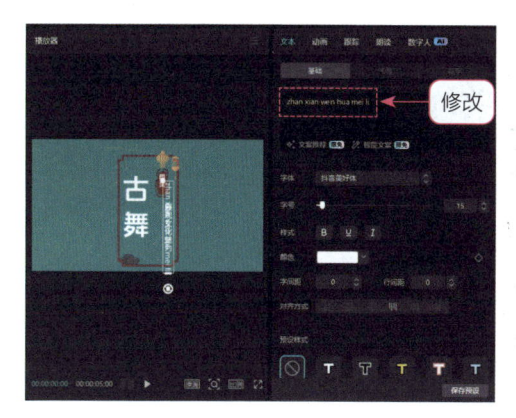

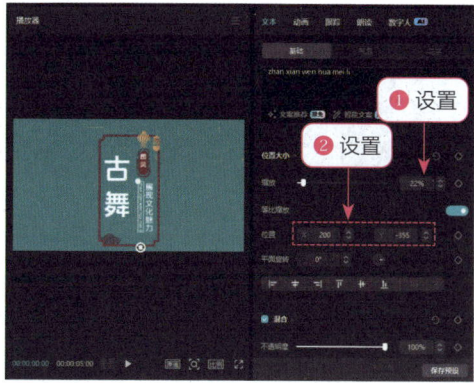

图9-37 修改文本内容　　图9-38 设置"缩放"和"位置"参数(4)

步骤 19 新建一个草稿文件,将文字视频和背景视频导入"媒体"功能区,如图9-39所示。

步骤 20 将两段视频分别添加到视频轨道和画中画轨道中,如图9-40所示。

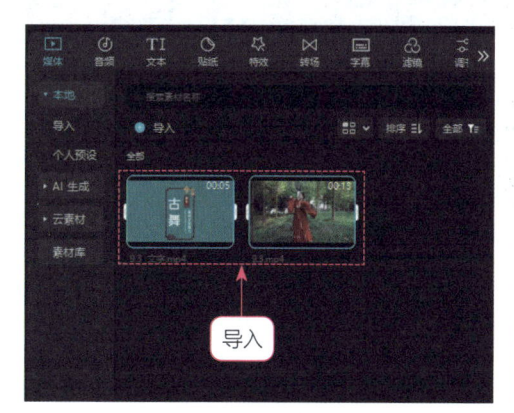

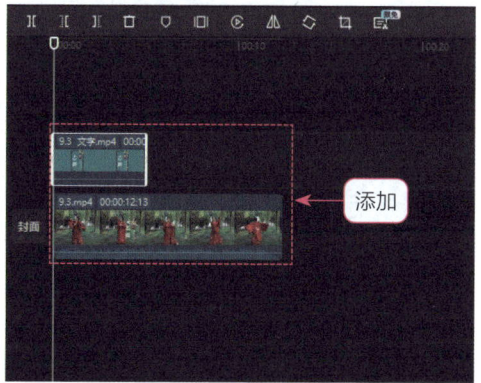

图9-39 导入文字视频和背景视频　　图9-40 将两段视频分别添加到相应的轨道中

步骤 21 选择画中画轨道中的文字视频,在"变速"操作区的"常规变速"选项卡中设置"时长"参数为8.0s,如图9-41所示,调整文字视频的时长。

步骤 22 在"画面"操作区的"抠像"选项卡中,❶选中"色度抠图"复选框;❷单击"取色器"按钮；❸在预览窗口中选取背景颜色,如图9-42所示。

步骤 23 执行操作后,在"抠像"选项卡中设置"强度"参数为50,增强抠像力度,如图9-43所示,抠取背景颜色。

步骤 24 拖曳时间轴至00:00:02:00的位置,在"画面"操作区的"基础"选项卡中点亮"位置"和"缩放"右侧的关键帧，如图9-44所示。

153

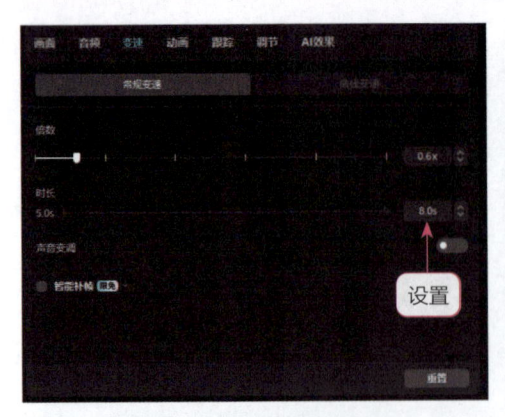

图 9-41 设置"时长"参数 　　　图 9-42 选取背景颜色

图 9-43 设置"强度"参数 　　　图 9-44 点亮"位置"和"缩放"右侧的关键帧

步骤 25 拖曳时间轴至 00:00:03:00 的位置，在"画面"操作区的"基础"选项卡中，❶ 设置"位置"中的 X 参数为 1217、Y 参数为 -592；❷ 设置"缩放"参数为 45%，如图 9-45 所示，将专属标识缩小并移至画面右下角。

步骤 26 在 00:00:02:00 和 00:00:03:00 的位置处，❶ 单击"分割"按钮 ；❷ 将画中画轨道中的文字视频分割为 3 段，如图 9-46 所示。

图 9-45 设置"位置"和"缩放"参数 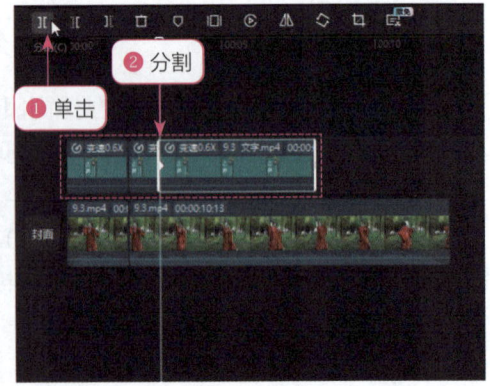　　　图 9-46 将文字视频分割为 3 段

步骤 27 选择分割的第 1 段文字视频，在"动画"操作区的"入场"选项卡中，❶ 选择"缩小"动画；❷ 设置"动画时长"参数为 1.0s，如图 9-47 所示。

步骤 28 选择分割的第 3 段文字视频，在"动画"操作区的"出场"选项卡中，❶ 选择"向右滑动"动画；❷ 设置"动画时长"参数为 3.0s，如图 9-48 所示。执行操作后，即可完成专属标识文字效果的制作。

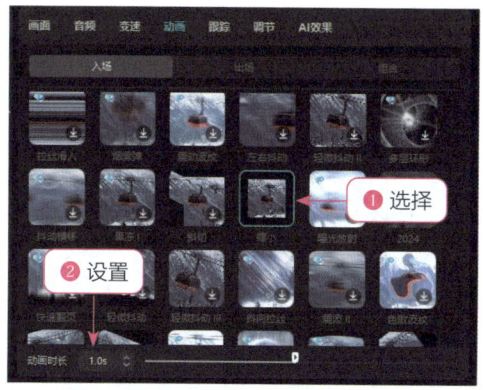

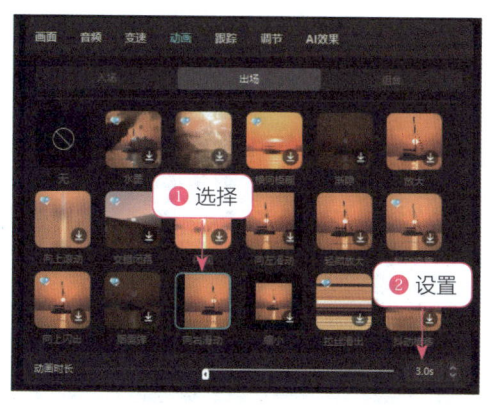

图 9-47　设置第 1 段文字视频的入场动画　　　图 9-48　设置第 3 段文字视频的出场动画

9.4　实例：制作文字旋转分割效果

扫一扫，看效果　　　　　　　　扫一扫，看视频

【效果展示】在剪映中制作文字旋转分割效果，需要先制作 3 段文字视频，并应用"正片叠底"混合模式、"矩形"蒙版及关键帧等功能，效果如图 9-49 所示。

图 9-49　文字旋转分割效果展示

155

下面介绍使用剪映电脑版制作文字旋转分割效果的操作方法。

步骤 01 打开剪映电脑版，在剪映的字幕轨道中添加一个默认文本，并调整文本的时长为 00:00:05:16，如图 9-50 所示。

步骤 02 在"文本"操作区的"基础"选项卡中输入文本内容"落日与晚风"，如图 9-51 所示。

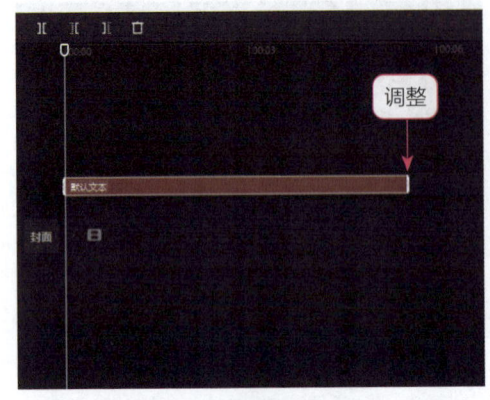

图 9-50 调整文本的时长　　图 9-51 输入文本内容

步骤 03 在"位置大小"选项区中，❶设置"缩放"参数为 500%；❷设置"位置"中的 X 参数为 4250、Y 参数为 0；❸点亮"位置"右侧的关键帧，如图 9-52 所示，在开始位置显示第 1 个字。

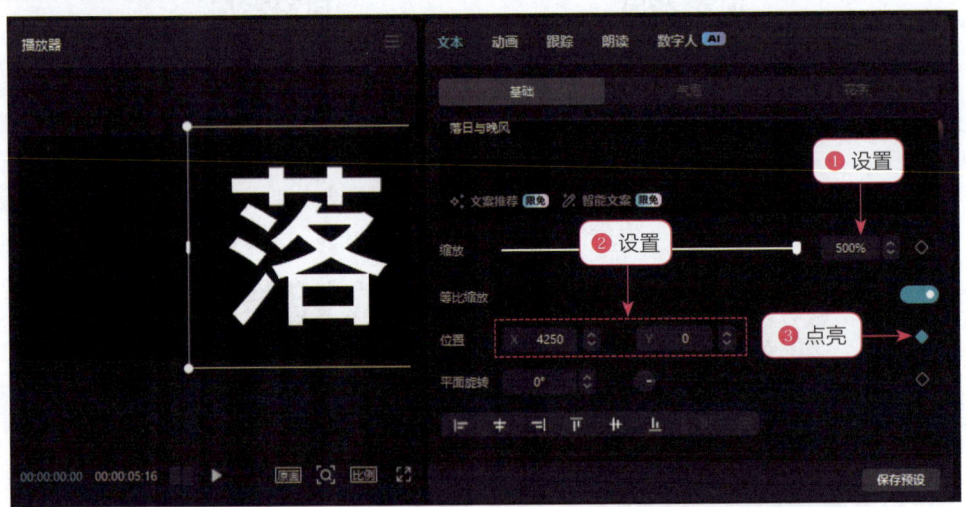

图 9-52 点亮"位置"右侧的关键帧

步骤 04 将时间轴拖曳至结束位置，在"文本"操作区的"基础"选项卡中设置"位置"中的 X 参数为 -4250、Y 参数为 0，如图 9-53 所示，在结束位置显示最后一个字。执行操作后，将文本导出为视频备用。

第 9 章 爆款文字：让你的作品具有高级感

步骤 05 在"文本"操作区的"基础"选项卡中，❶ 单击"颜色"下拉按钮；❷ 在弹出的颜色面板中选择合适的色块，如图 9-54 所示，设置字体颜色为粉色。

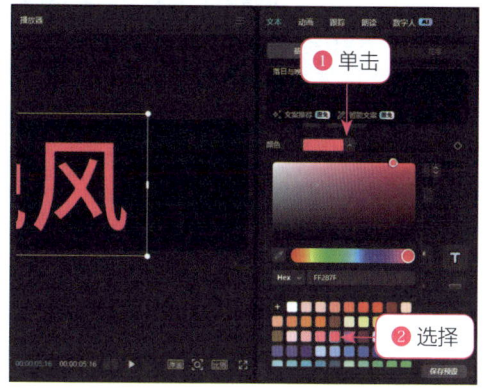

图 9-53 设置"位置"参数

图 9-54 选择合适的色块

步骤 06 在视频轨道中添加一段背景视频，如图 9-55 所示。

步骤 07 在预览窗口中可以查看画面效果，如图 9-56 所示。执行操作后，将添加了背景视频的文本导出为视频备用。

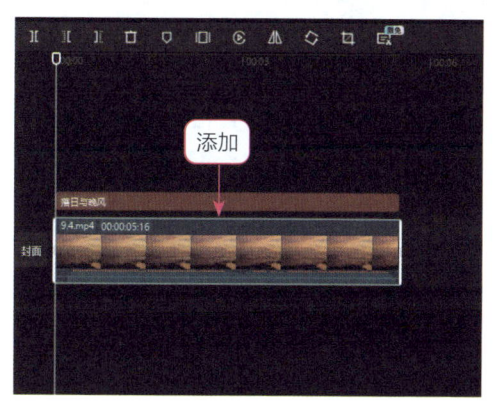

图 9-55 添加一段背景视频

图 9-56 查看画面效果

➡ 温馨提醒

用户在设置文字的大小和位置时，可以先在"播放器"面板中进行大致调整，然后在操作区中通过数值的大小进行更加精准的调整。

步骤 08 在字幕轨道中，❶ 选择文本；❷ 单击"删除"按钮，如图 9-57 所示，删除文本，留下背景视频备用。

步骤 09 在"媒体"功能区中导入前面导出的黑底白字视频，如图 9-58 所示。

157

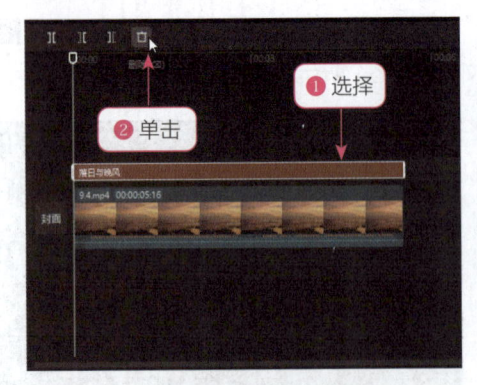

图 9-57 删除文本　　　　　　　　　图 9-58 导入黑底白字视频

步骤 10 将文字视频添加到画中画轨道中，如图 9-59 所示。

步骤 11 在"画面"操作区的"基础"选项卡中设置"混合模式"为"正片叠底"模式，如图 9-60 所示，制作镂空文字。执行上述操作后，将镂空文字导出为视频备用。

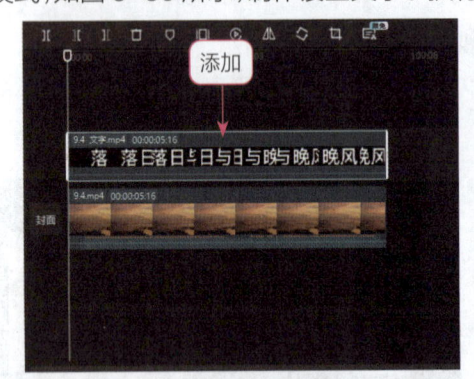

图 9-59 将文字视频添加到画中画轨道中　　　图 9-60 设置"正片叠底"模式

步骤 12 新建一个草稿文件，将粉色文字视频和镂空文字视频导入"媒体"功能区中，如图 9-61 所示。

步骤 13 ❶将粉色文字视频添加到视频轨道中；❷将镂空文字添加到画中画轨道中，如图 9-62 所示。

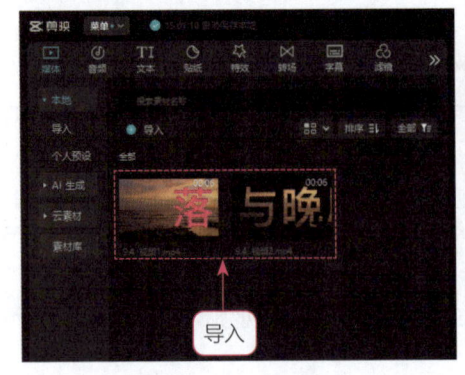

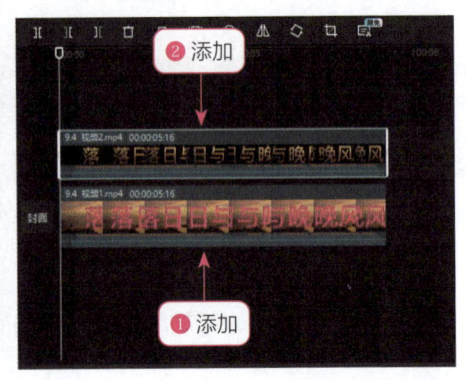

图 9-61 导入两段视频　　　　　　图 9-62 将视频添加到对应的轨道中

第 9 章 爆款文字：让你的作品具有高级感

步骤 14 选择画中画轨道中的镂空文字视频，在"蒙版"选项卡中，❶选择"矩形"蒙版；❷设置"旋转"参数为 -15.0°；❸设置"大小"中的"长"参数为 2300、"宽"参数为 355；❹点亮"旋转"和"大小"右侧的关键帧 ◆，如图 9-63 所示，在视频的开始位置设置蒙版的旋转角度和大小。

图 9-63 点亮"旋转"和"大小"右侧的关键帧

步骤 15 拖曳时间轴至 00:00:02:00 的位置，在"蒙版"选项卡中设置"旋转"参数为 180.0°，如图 9-64 所示。

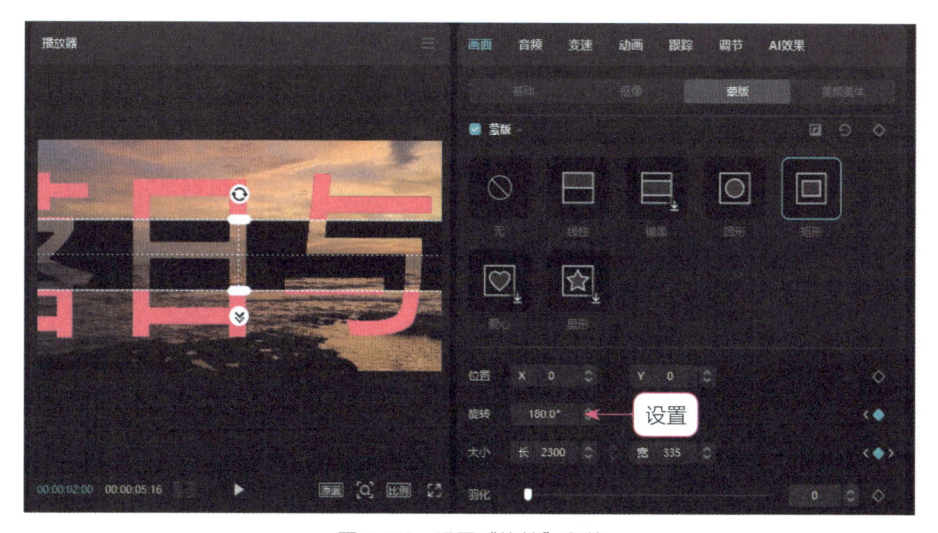

图 9-64 设置"旋转"参数

步骤 16 拖曳时间轴至 00:00:04:00 的位置，在"蒙版"选项卡中设置"大小"中的"长"参数为 2300、"宽"参数为 1080，如图 9-65 所示。至此，完成文字旋

159

转分割效果的制作。

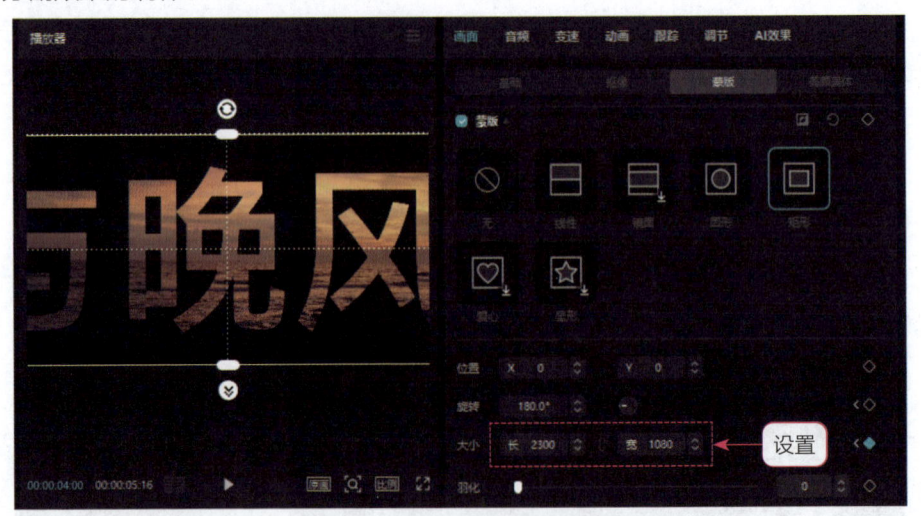

图 9-65 设置"大小"参数

第 10 章

热门 Vlog：百万流量秒变视频达人

■ 本章要点

  Vlog 是 Video Weblog 或 Video Blog 的简称，其大意为用视频记录生活或日常，即通过拍摄视频的方式来记录日常生活中的点滴画面。不管是一次休闲周末的过程，还是一场旅行，都可以成为 Vlog 的拍摄主题。

10.1 了解 Vlog 的制作要点

在剪映中制作 Vlog，需要用户熟练剪映各项功能的应用，如"文本"功能、"贴纸"功能、"特效"功能、"转场"功能、"字幕"功能、"滤镜"功能、"调节"功能及"变速"功能等。

扫一扫，看视频　　文本字幕具有解说视频内容的作用，在剪映中制作 Vlog 时，用户可以在"文本"功能区中为视频添加文本，向观众传达自己的想法、心情及心得体会等。

在"贴纸"功能区中，用户可以为 Vlog 添加贴纸，使观众的视觉感受更加具体、丰富。"贴纸"功能区如图 10-1 所示。对于好看、好用及常用的贴纸，用户可以将其收藏起来，方便下次使用，还可以在搜索栏中搜索需要的贴纸。

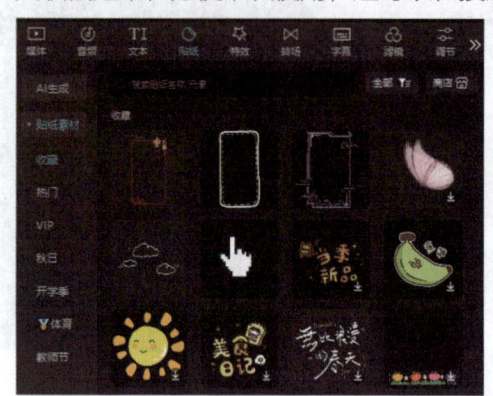

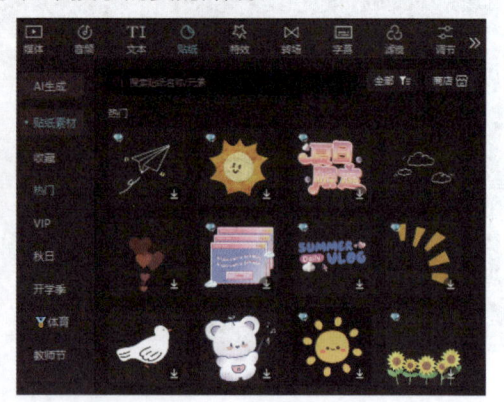

图 10-1　"贴纸"功能区

在"特效"功能区中，主要分为"画面特效"和"人物特效"两种。用户可以选择需要的特效，丰富自己的视频画面，制作出炫酷的 Vlog 效果。"特效"功能区如图 10-2 所示。

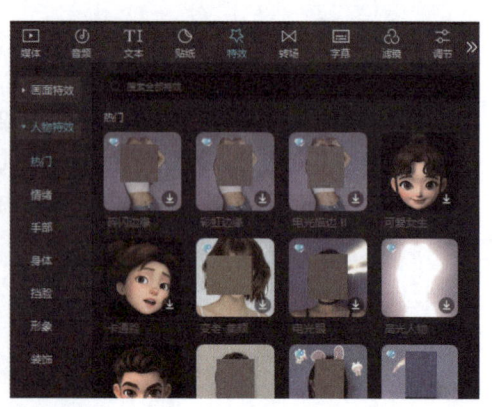

图 10-2　"特效"功能区

在"转场"功能区中，用户可以选择合适的转场，在每两个素材之间进行使用，使素材与素材之间可以过渡得更加顺畅。"转场"功能区如图 10-3 所示。

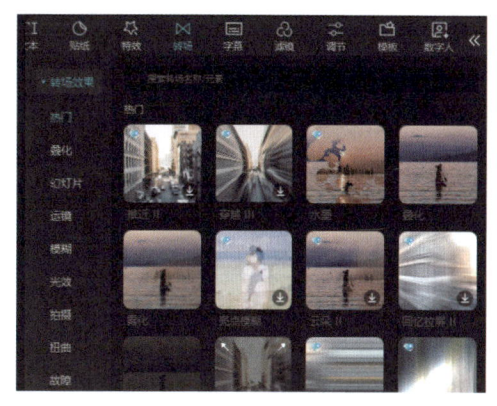

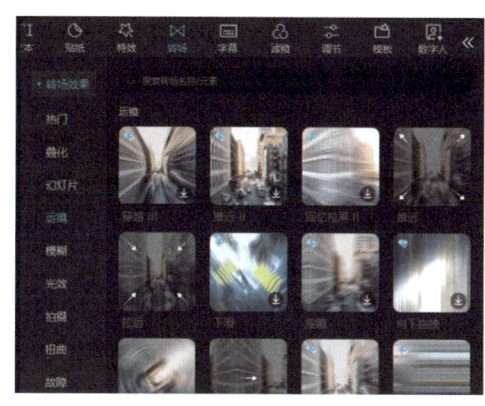

图 10-3 "转场"功能区

在"滤镜"功能区中，提供了上百种滤镜，并且为每个滤镜进行了选项分类。用户可以根据需要，选择合适的滤镜进行使用。

在"调节"操作区中，可以调整素材的色温、色调、饱和度、亮度、对比度、高光及阴影等。

在剪辑过程中，如果需要调整素材的播放速度，或者发现拍摄的素材时长过长或过短时，可以在"变速"操作区中对素材进行变速处理。"变速"操作区如图 10-4 所示。

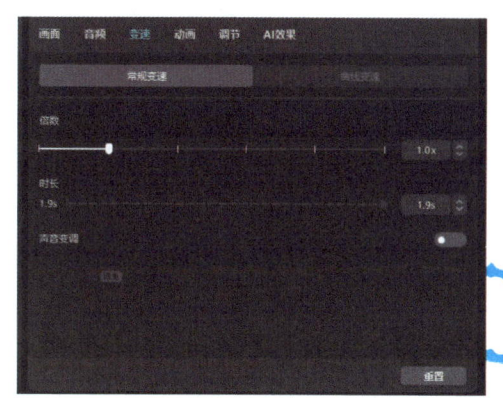

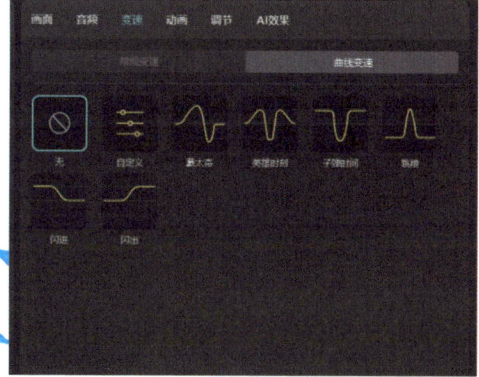

图 10-4 "变速"操作区

在"变速"操作区中，共有两种变速模式：一种是"常规变速"模式，用户可以通过调整"倍数"参数或"时长"参数来调整素材播放的速度，同时也能使素材的时长变长或缩短；另一种是"曲线变速"模式，剪映提供了多种曲线变速的预设选项，包括蒙太奇、英雄时刻、闪进及闪出等，还可以自定义变速，使素材在不同的时间位置变快或变慢。

当拍摄的素材受到环境、灯光等因素影响，导致画面色彩不够浓郁、整体色调不好看时，可以通过剪映的"滤镜"功能和"调节"功能对素材进行调色处理。

10.2 实例：制作"交给时间"生活 Vlog

扫一扫，看效果　　　　　　　　扫一扫，看视频

【效果展示】本实例介绍的是制作"交给时间"生活 Vlog 的方法，记录的是自己走过的路、看到的车流、路上的灯光及风景等。通过剪映的"变速"功能、"转场"功能、"特效"功能及"文本"功能等，对视频进行后期的剪辑，效果如图 10-5 所示。

图 10-5 "交给时间"生活 Vlog 效果展示

下面介绍使用剪映电脑版制作"交给时间"生活 Vlog 的操作方法。

步骤 01 在剪映电脑版中导入 4 段视频素材和 1 段背景音乐，如图 10-6 所示。

步骤 02 将 4 段视频素材和背景音乐分别添加到视频轨道和音频轨道中，如图 10-7 所示。

步骤 03 通过拖曳素材右侧白色拉杆的方式，将第 1 段视频的时长调整为 00:00:03:00、将第 3 段视频的时长调整为 00:00:05:05，如图 10-8 所示。

步骤 04 选择第 2 段视频，在"变速"操作区的"常规变速"选项卡中设置"倍数"参数为 0.5x，如图 10-9 所示，将视频的播放速度调慢。

第 10 章 热门 Vlog：百万流量秒变视频达人

图 10-6 导入素材文件

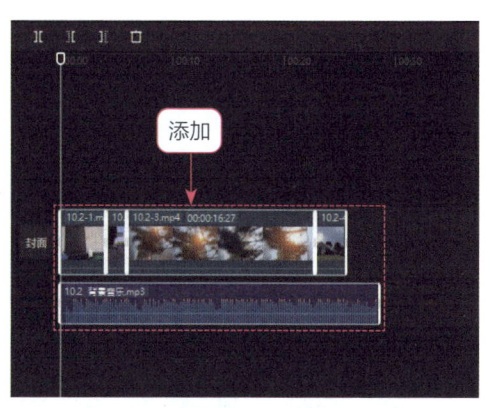

图 10-7 添加素材至相应的轨道中

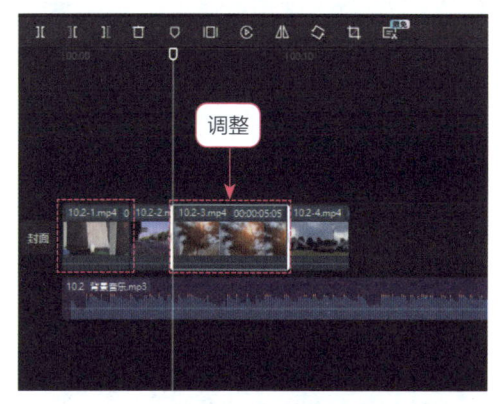

图 10-8 调整第 1 段和第 3 段视频的时长

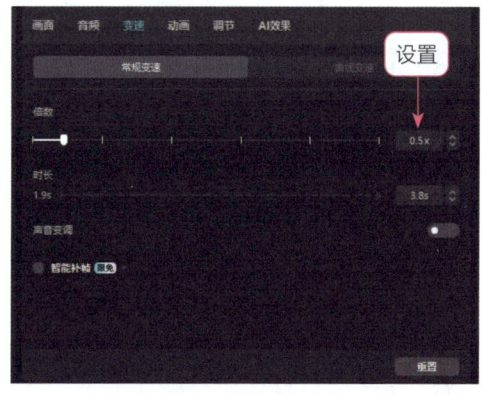

图 10-9 设置"倍数"参数

步骤 05 选择第 4 段视频，在"变速"操作区的"常规变速"选项卡中设置"时长"参数为 3.0s，如图 10-10 所示，将视频的时长拉长。

步骤 06 为了删除多余的音频，❶选择背景音乐；❷将时间轴拖曳至 00:00:14:00 的位置；❸单击"分割"按钮，如图 10-11 所示，对背景音乐进行分割。

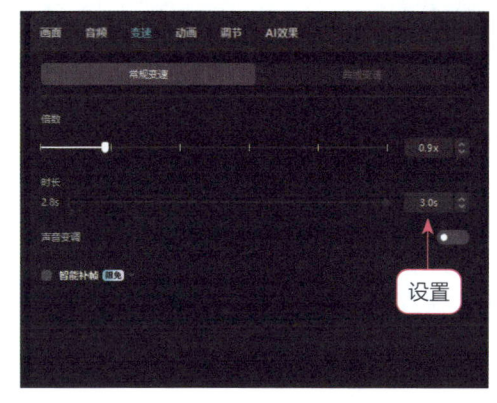

图 10-10 设置"时长"参数

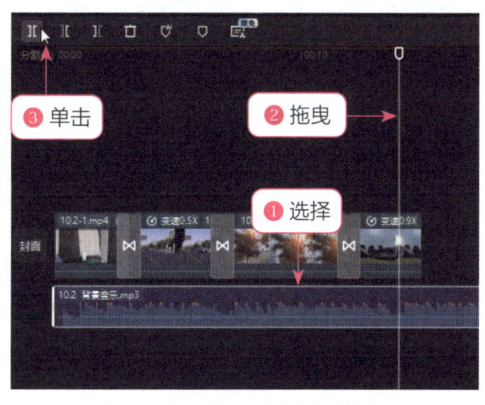

图 10-11 单击"分割"按钮

165

步骤 07 ❶ 选择分割的后半段音乐；❷ 单击"删除"按钮🗑，如图 10-12 所示，将多余的音频删除。

步骤 08 拖曳时间轴至第 1 段视频和第 2 段视频之间，如图 10-13 所示。

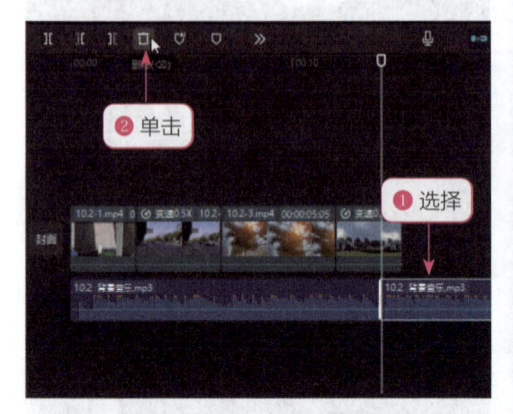

图 10-12 删除多余的音频 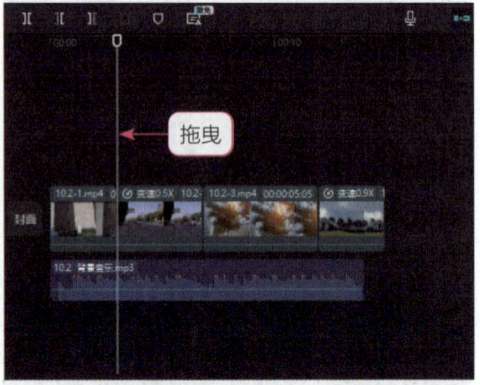　　　　　图 10-13 拖曳时间轴

步骤 09 在"转场"功能区的"运镜"选项卡中，单击"逆时针旋转"转场中的"添加到轨道"按钮⊕，如图 10-14 所示。

步骤 10 执行操作后，即可在第 1 段视频和第 2 段视频之间添加"逆时针旋转"转场，如图 10-15 所示。

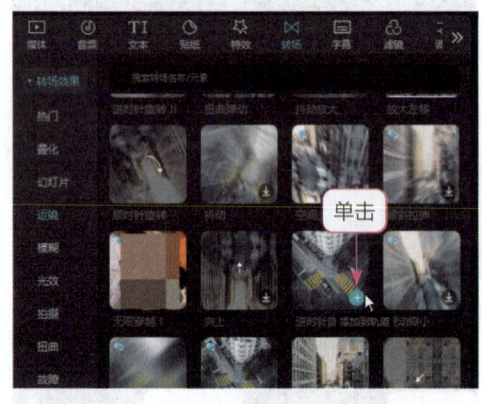

图 10-14 选择转场并添加到轨道中（1） 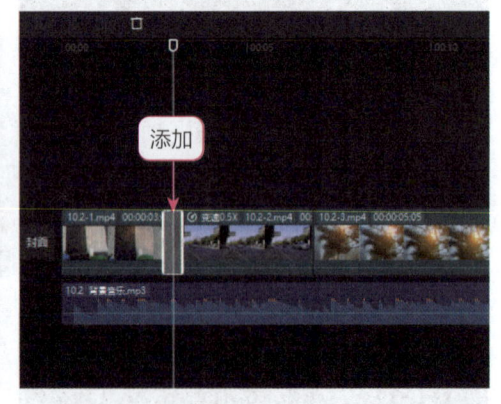　　图 10-15 添加"逆时针旋转"转场

步骤 11 拖曳时间轴至第 2 段视频和第 3 段视频之间，在"转场"功能区的"运镜"选项卡中，单击"向下"转场中的"添加到轨道"按钮⊕，如图 10-16 所示，即可在第 2 段视频和第 3 段视频之间添加"向下"转场。

步骤 12 拖曳时间轴至第 3 段视频和第 4 段视频之间，在"转场"功能区的"光效"选项卡中，单击"炫光Ⅱ"转场中的"添加到轨道"按钮⊕，如图 10-17 所示，即可在第 3 段视频和第 4 段视频之间添加"炫光Ⅱ"转场。

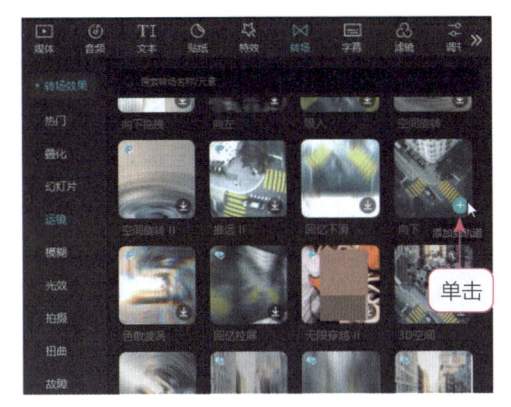

图 10-16　选择转场并添加到轨道中（2） 　　图 10-17　选择转场并添加到轨道中（3）

步骤 13 选择添加的转场，在"转场"操作区中将 3 个转场的"时长"参数均设置为 1.0s，如图 10-18 所示。

步骤 14 将时间轴拖曳至视频开始的位置，在"特效"功能区的"基础"选项卡中单击"变清晰"特效右下角的"添加到轨道"按钮，如图 10-19 所示。

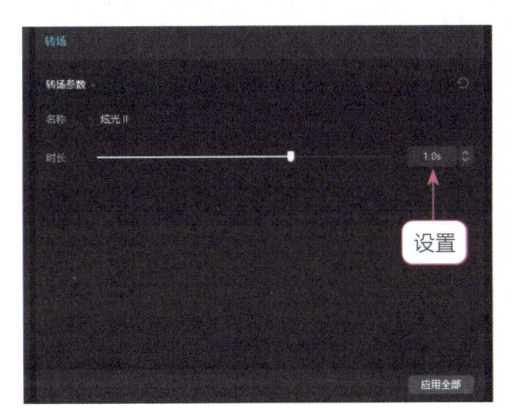

图 10-18　设置转场的"时长"参数 　　图 10-19　选择特效并添加到轨道中（1）

步骤 15 将选择的"变清晰"特效添加到视频轨道的上方，并调整特效时长，使其对齐第 1 个转场的开始位置，如图 10-20 所示。

步骤 16 将时间轴拖曳至 00:00:02:15 的位置（即第 1 个转场的开始位置），在"特效"功能区的"氛围"选项卡中，单击"星火"特效右下角的"添加到轨道"按钮，如图 10-21 所示。

步骤 17 将选择的"星火"特效添加到视频轨道的上方，并调整特效的时长，使其与最后一段视频的结束位置对齐，如图 10-22 所示。

步骤 18 在时间轴的位置添加一个默认文本，如图 10-23 所示。

167

图 10-20　添加"变清晰"特效并调整时长

图 10-21　选择特效并添加到轨道中（2）

图 10-22　添加"星火"特效并调整时长

图 10-23　添加一个默认文本

步骤 19 在"文本"操作区的"基础"选项卡中，❶ 输入第 1 段文本内容；❷ 设置一款合适的字体；❸ 设置"字间距"参数为 5，如图 10-24 所示，调整文字的间距。

步骤 20 在"播放器"面板中调整文本的位置和大小，如图 10-25 所示。

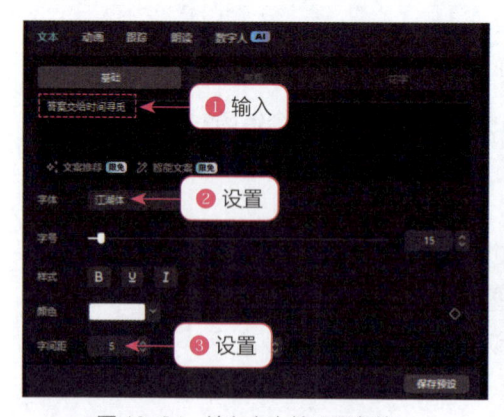

图 10-24　输入文本并设置参数

图 10-25　调整文本的位置和大小

步骤 21 在"动画"操作区的"入场"选项卡中，❶ 选择"模糊"动画；❷ 设置"动画时长"参数为 1.5s，如图 10-26 所示。

步骤 22 ❶ 将时间轴拖曳至 00:00:07:09 的位置（即第 2 个转场的结束位置）；❷ 复制制作的第 1 个文本并粘贴在时间轴的位置，如图 10-27 所示。

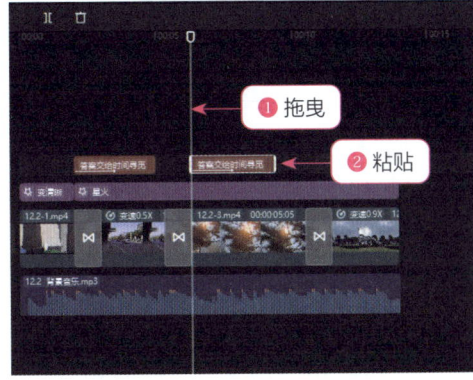

图 10-26　选择文本的入场动画并设置时长　　图 10-27　复制并粘贴文本

步骤 23 在"文本"操作区的"基础"选项卡中删除原来的内容，输入第 2 段文本，如图 10-28 所示。

步骤 24 用与上面同样的方法，❶ 将时间轴拖曳至第 3 个转场的开始位置；❷ 复制粘贴第 2 个文本并修改文本的内容，如图 10-29 所示。至此，完成"交给时间"生活 Vlog 的制作。

图 10-28　输入第 2 段文本　　图 10-29　修改文本的内容

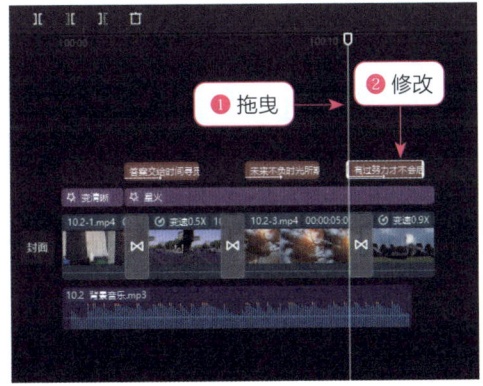

温馨提醒

在添加转场效果时，用户可以根据镜头的位移角度选择合适的转场并调整时长，确保视频之间的切换更加自然、流畅。

10.3 实例：制作"休闲周末"文艺Vlog

扫一扫，看效果　　　　　　　扫一扫，看视频

【效果展示】本实例介绍的是制作"休闲周末"文艺Vlog的方法，主要通过剪映的"叠化"转场、"仲夏"滤镜、"调节"效果、"文本"功能及"识别歌词"功能等对拍摄的多段视频进行剪辑加工，效果如图10-30所示。

图10-30 "休闲周末"文艺Vlog效果展示

下面介绍使用剪映电脑版制作"休闲周末"文艺Vlog的操作方法。

步骤 01 在剪映电脑版中导入3段视频素材和1段背景音乐，如图10-31所示。

步骤 02 将3段视频素材和背景音乐分别添加到视频轨道和音频轨道中，如图10-32所示。

步骤 03 通过拖曳素材右侧白色拉杆的方式，将第1段视频的时长调整为00:00:06:08、将第2段视频和第3段视频的时长均调整为00:00:02:00，如图10-33所示。

步骤 04 拖曳时间轴至第1段视频和第2段视频之间，在"转场"功能区的"叠化"选项卡中，单击所选"叠化"转场右下角的"添加到轨道"按钮⊕，如图10-34所示。

图 10-31　导入素材文件

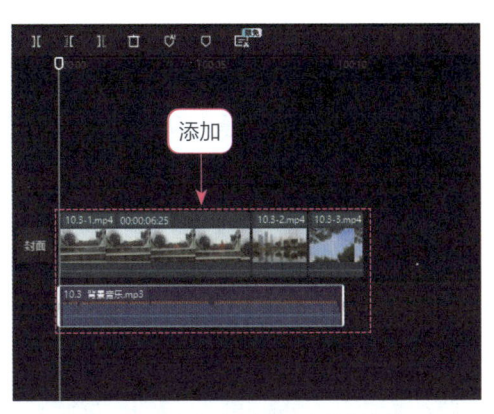

图 10-32　添加素材至相应的轨道中

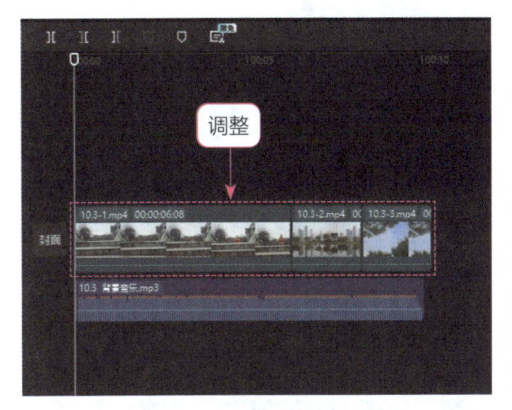

图 10-33　调整视频的时长

图 10-34　选择转场并添加到轨道中

步骤 05 执行操作后，即可在第 1 段视频和第 2 段视频之间添加一个"叠化"转场，如图 10-35 所示。

步骤 06 在"转场"操作区中，❶ 设置转场的"时长"参数为 0.5s；❷ 单击"应用全部"按钮，如图 10-36 所示。

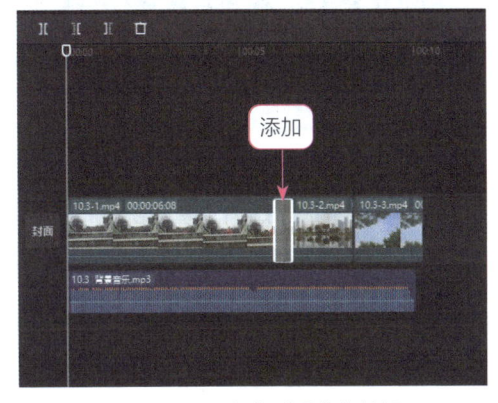

图 10-35　添加"叠化"转场

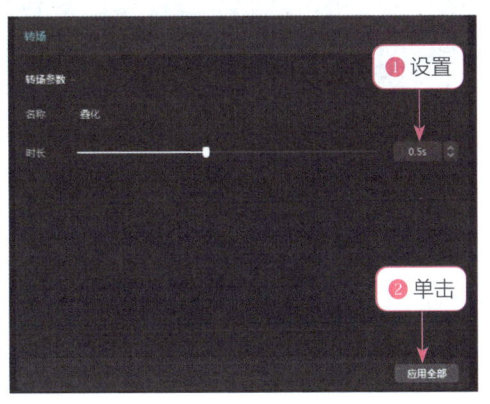

图 10-36　设置转场时长并应用全部

步骤 07 执行操作后，即可在每段视频之间都添加一个"叠化"转场，如图10-37所示。

步骤 08 在"滤镜"功能区的"风景"选项卡中，单击"仲夏"滤镜中的"添加到轨道"按钮，如图10-38所示。

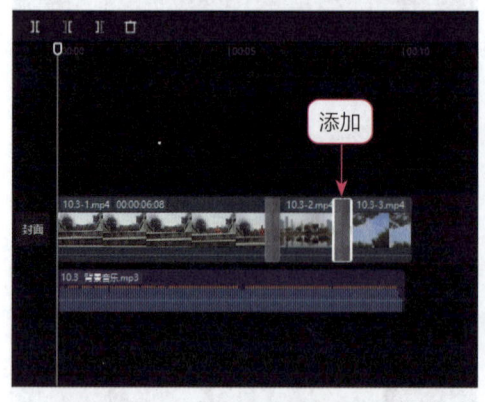

图 10-37　自动添加"叠化"转场 　　　　图 10-38　选择滤镜并添加到轨道中

步骤 09 执行操作后，即可在视频轨道的上方添加一个"仲夏"滤镜，如图10-39所示。

步骤 10 ❶单击"调节"按钮，进入"调节"功能区；❷单击"自定义调节"中的"添加到轨道"按钮，如图10-40所示。

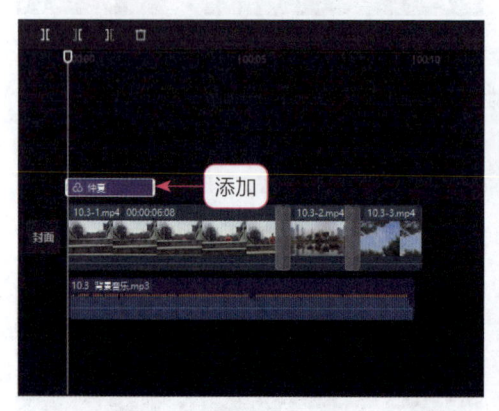

图 10-39　添加一个"仲夏"滤镜 　　　　图 10-40　将"自定义调节"添加到轨道中

步骤 11 执行操作后，即可在滤镜的上方添加"调节1"效果，如图10-41所示。

步骤 12 在"播放器"面板中可以查看添加"仲夏"滤镜后的视频效果，如图10-42所示。

步骤 13 在"调节"操作区中设置"色温"参数为-15，如图10-43所示，使画面整体偏蓝一些。

图 10-41 添加"调节 1"效果　　　图 10-42 查看视频效果

图 10-43 设置"色温"参数

步骤 14 设置"饱和度"参数为 15，如图 10-44 所示，使画面中的色彩更加浓郁。

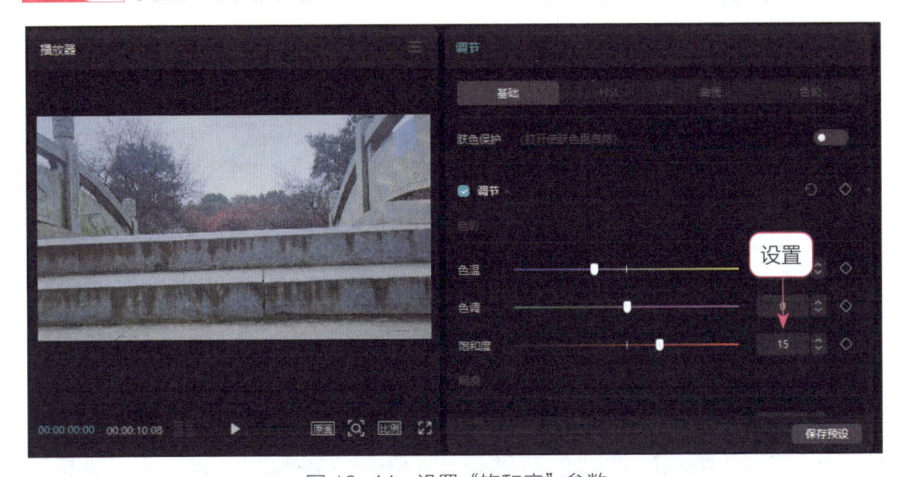

图 10-44 设置"饱和度"参数

步骤 15 设置"亮度"参数为 -8，如图 10-45 所示，稍微将画面亮度降低一些。

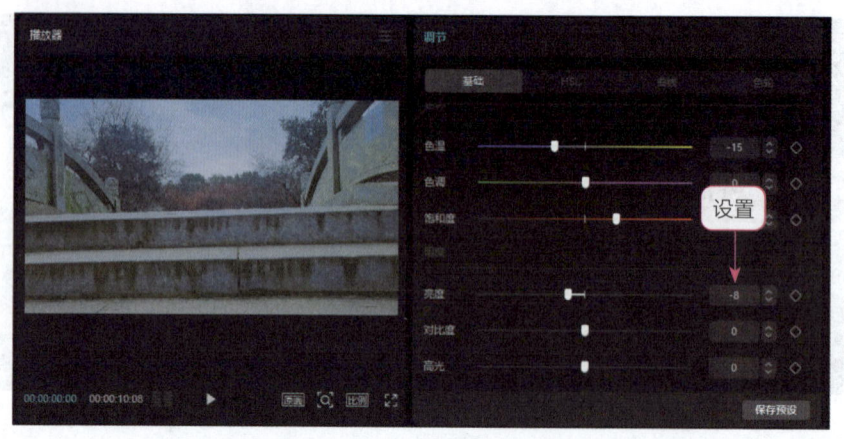

图 10-45 设置"亮度"参数

步骤 16 设置"对比度"参数为 8,如图 10-46 所示,使画面中的明暗对比更加明显一点。

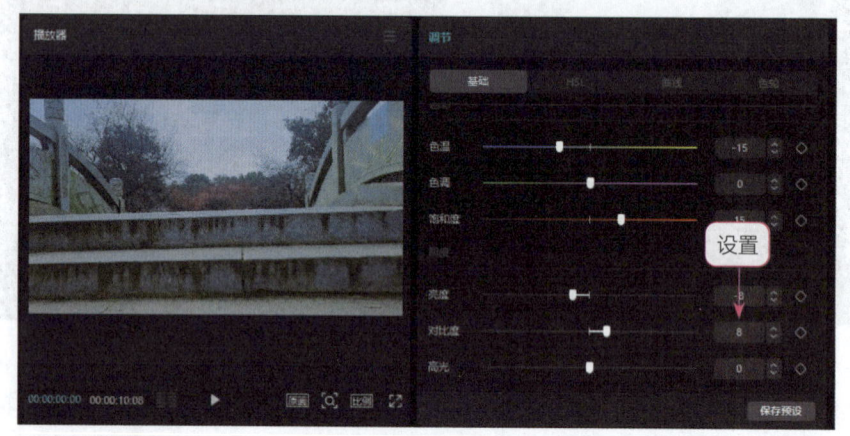

图 10-46 设置"对比度"参数

步骤 17 设置"高光"参数为 8,如图 10-47 所示,提高高光区域的亮度。

图 10-47 设置"高光"参数

步骤 18 设置"光感"参数为10，如图10-48所示，提高画面中的光线亮度。

图 10-48 设置"光感"参数

步骤 19 完成调色后，在轨道中分别调整"调节1"效果和"仲夏"滤镜的时长，如图10-49所示。

步骤 20 ❶ 切换至"文本"功能区的"识别歌词"选项卡中；❷ 单击"开始识别"按钮，如图10-50所示。

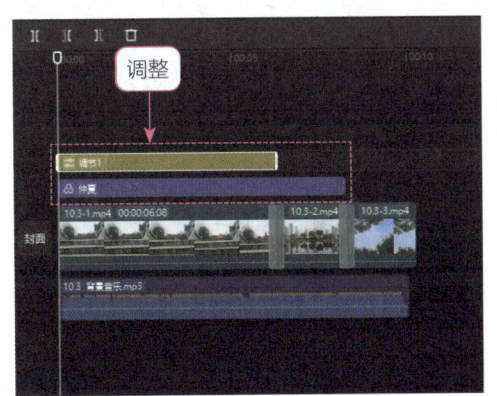

图 10-49 调整调节和滤镜的时长

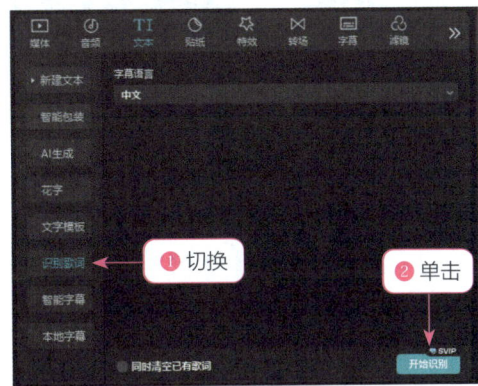

图 10-50 启用"识别歌词"功能

步骤 21 稍等片刻，即可自动生成歌词字幕，如图10-51所示。

步骤 22 在"文本"操作区的"基础"选项卡中设置一款合适的字体，如图10-52所示。

步骤 23 在"排列"选项区中设置"字间距"参数为5，如图10-53所示，调整文字的间距。

步骤 24 ❶ 切换至"气泡"选项卡；❷ 选择合适的气泡模板，如图10-54所示。

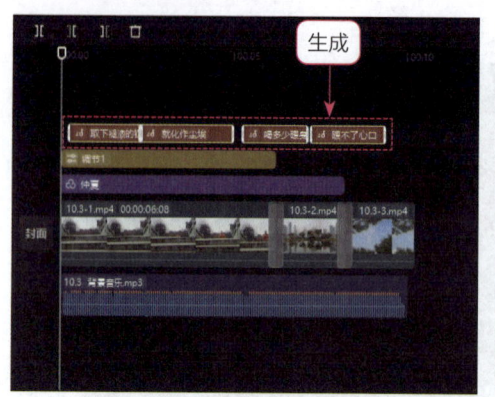

图 10-51　生成歌词字幕　　　　　　　图 10-52　为歌词字幕设置一款合适的字体

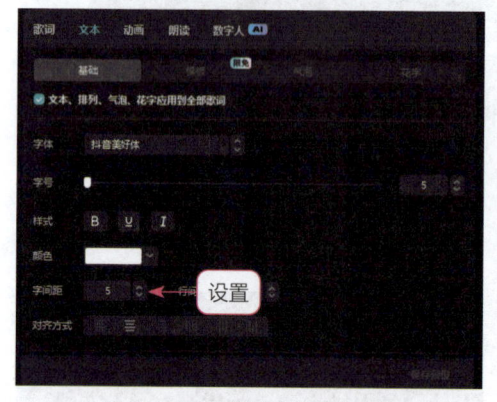

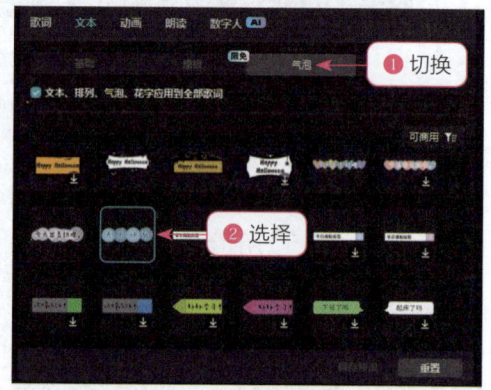

图 10-53　设置"字间距"参数　　　　　图 10-54　选择合适的气泡模板

> **温馨提醒**
>
> 　　在轨道中的字幕底部显示一条白色的线，表示该段字幕已经添加了动画效果。在"动画"操作区中，如果用户不喜欢"循环"选项卡中提供的动画效果，可以切换到"入场"和"出场"选项卡中，选择自己满意的字幕动画效果。

步骤 25 在"播放器"面板中可以调整歌词字幕的大小和位置，如图 10-55 所示。

步骤 26 在"动画"操作区的"循环"选项卡中选择"晃动"动画，如图 10-56 所示。

步骤 27 用与上面同样的方法，为其他歌词字幕添加"晃动"动画效果，如图 10-57 所示。至此，完成"休闲周末"文艺 Vlog 的制作。

图 10-55　调整歌词字幕的大小和位置　　　　图 10-56　选择"晃动"动画

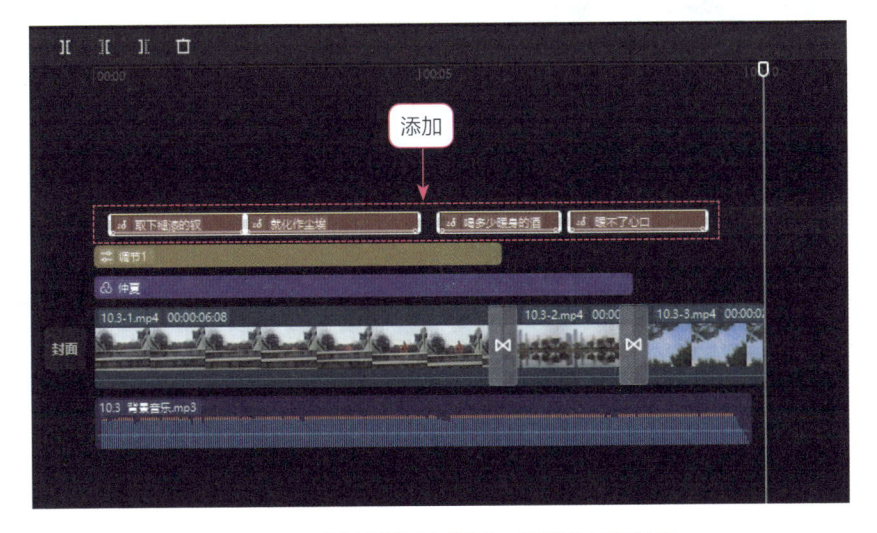

图 10-57　为其他歌词字幕添加"晃动"动画效果

10.4　实例：制作"旅行大片"风光 Vlog

扫一扫，看效果　　　　　　　扫一扫，看视频

【效果展示】本实例介绍的是制作"旅行大片"风光 Vlog 的方法，其主要内容是在旅行时所拍摄到的风光美景。通过剪映的"转场"功能、"调节"功能、"文本"功能及"贴纸"功能等对视频进行后期剪辑加工，制作出具有大片风范的风光旅行 Vlog，效果如图 10-58 所示。

177

图 10-58 "旅行大片"风光 Vlog 效果展示

下面介绍使用剪映电脑版制作"旅行大片"风光 Vlog 的操作方法。

步骤 01 在剪映电脑版中导入 5 段视频素材和 1 段背景音乐，如图 10-59 所示。

步骤 02 将 5 段视频素材和背景音乐分别添加到视频轨道和音频轨道中，如图 10-60 所示。

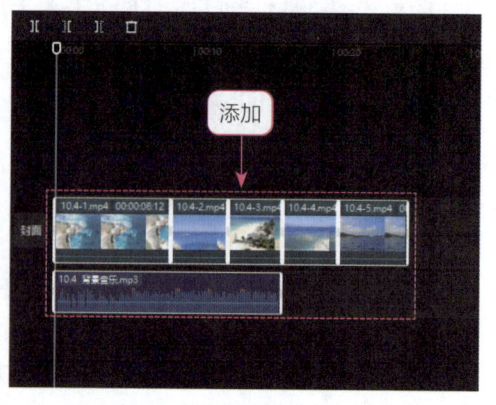

图 10-59 导入素材文件　　　　图 10-60 添加素材至相应的轨道中

步骤 03 通过拖曳视频素材右侧白色拉杆的方式，将第 1 段视频的时长调整为 00:00:05:17、将第 2 段视频的时长调整为 00:00:03:06、将第 3 段视频的时长调整为 00:00:02:10、将第 4 段视频的时长调整为 00:00:02:10、将第 5 段视频的时长调整为 00:00:02:28，如图 10-61 所示。

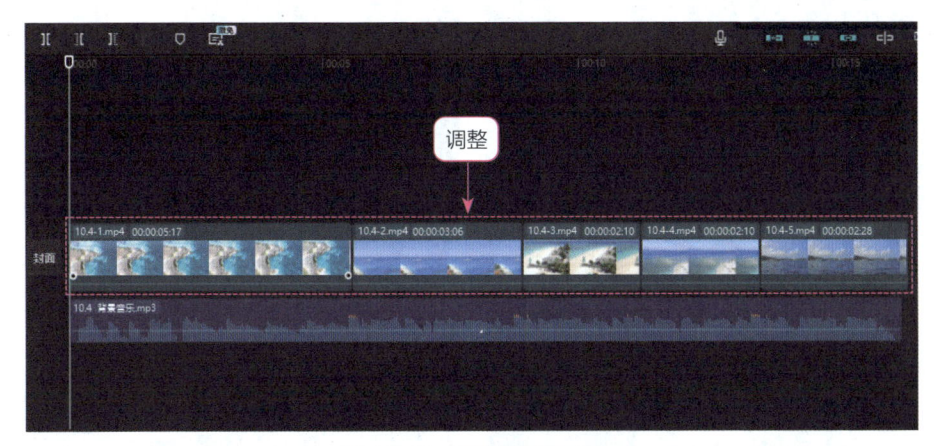

图 10-61 调整视频的时长

步骤 04 在"转场"功能区的"运镜"选项卡中，单击"推近"转场右下角的"添加到轨道"按钮，如图 10-62 所示。

步骤 05 执行操作后，即可在两个视频片段之间添加一个"推近"转场，如图 10-63 所示。

图 10-62 选择转场并添加到轨道中（1）　　图 10-63 添加"推近"转场

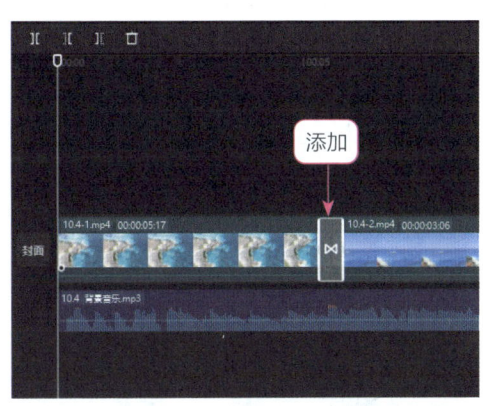

步骤 06 将时间轴拖曳至第 2 段视频与第 3 段视频之间，如图 10-64 所示。

步骤 07 在"转场"功能区中的"运镜"选项卡中，单击"拉远"转场右下角的"添加到轨道"按钮，如图 10-65 所示。

步骤 08 执行操作后，即可添加一个"拉远"转场，如图 10-66 所示。

步骤 09 用与上面同样的方法，为视频轨道中剩下的视频素材之间继续添加一个"向左"转场和一个"逆时针旋转"转场，如图10-67所示。

图10-64 拖曳时间轴（1） 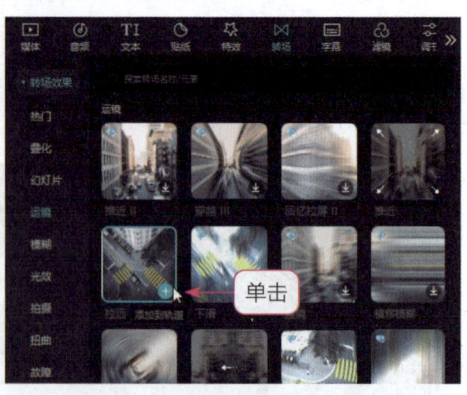　　图10-65 选择转场并添加到轨道中（2）

图10-66 添加一个"拉远"转场 　　图10-67 添加两个转场

步骤 10 在"调节"功能区中单击"自定义调节"中的"添加到轨道"按钮 ➕，如图10-68所示。

步骤 11 在视频上方添加"调节1"效果，并调整其时长，使其对齐视频的结束位置，如图10-69所示。

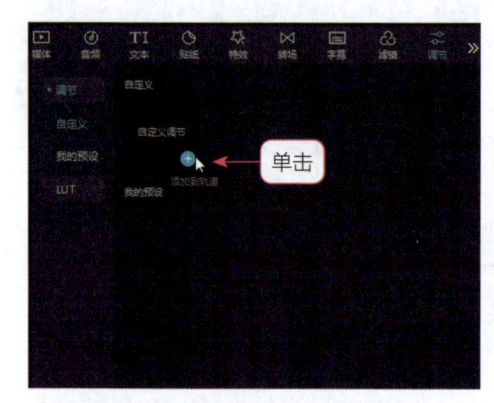

图10-68 将"自定义调节"添加到轨道中 　　图10-69 调整"调节1"效果的时长

步骤 12 在"调节"操作区中设置"饱和度"参数为 20，如图 10-70 所示，增强色彩浓度。

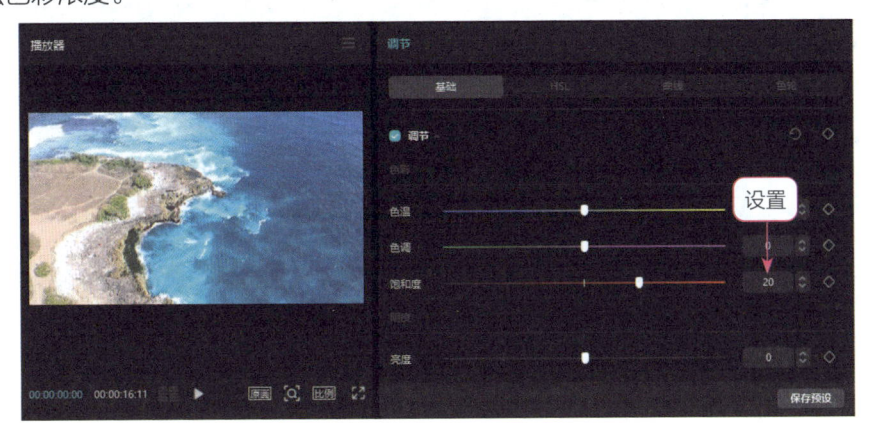

图 10-70 设置"饱和度"参数

步骤 13 设置"对比度"参数为 10，如图 10-71 所示，加强画面中的明暗对比。

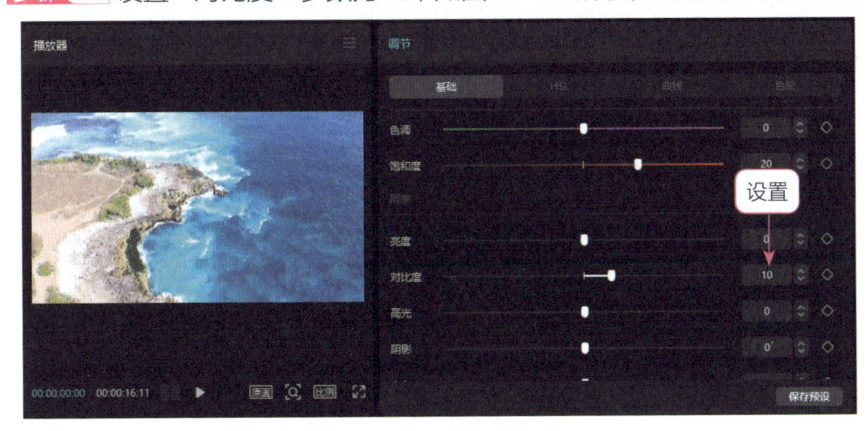

图 10-71 设置"对比度"参数

步骤 14 设置"高光"参数为 -10，如图 10-72 所示，降低高光区域的亮度。

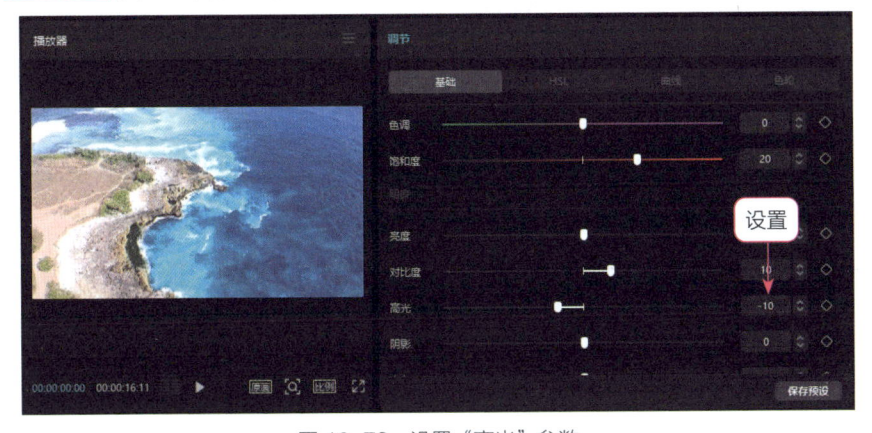

图 10-72 设置"高光"参数

步骤 15 设置"阴影"参数为10，如图10-73所示，提高暗部区域的亮度。

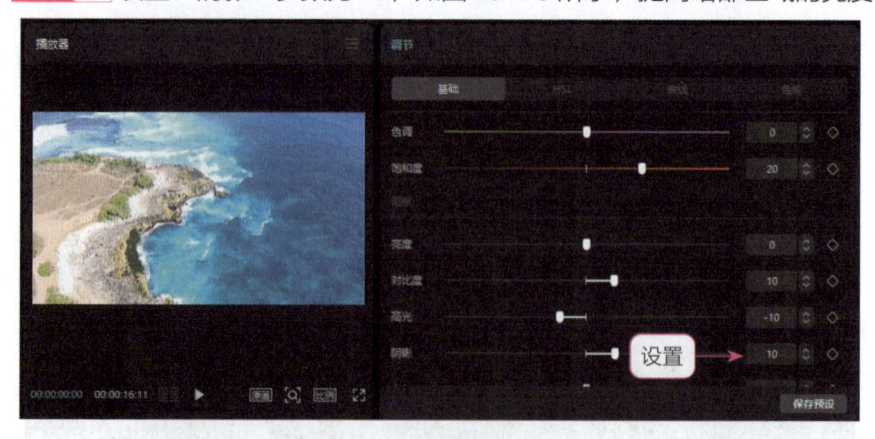

图10-73 设置"阴影"参数

步骤 16 设置"光感"参数为-15，如图10-74所示，稍微降低画面中的光线亮度。

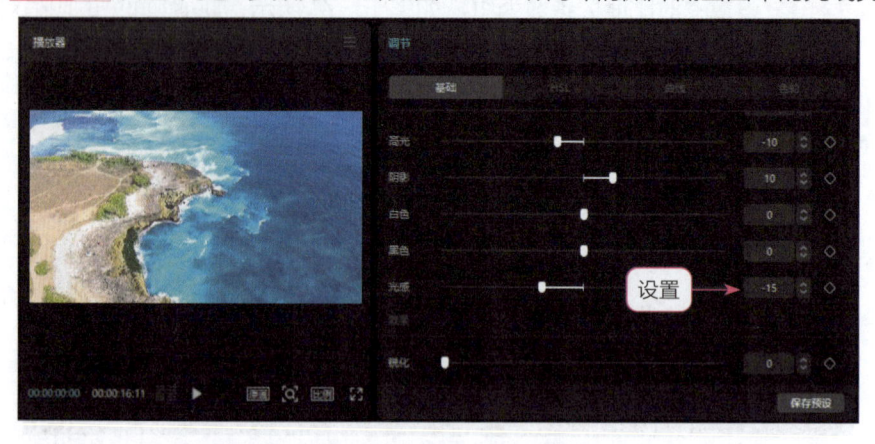

图10-74 设置"光感"参数

➡ **温馨提醒**

在调整素材画面色彩和明亮度时，可以先调整色温、色调及饱和度，查看调整的画面色彩效果后，再根据需要调整画面的亮度、对比度、锐化、高光、阴影及褪色等，这样更容易调出自己想要的画面效果。

步骤 17 为了给视频添加文字，❶单击"文本"按钮，进入"文本"功能区；❷切换至"AI生成"选项卡，如图10-75所示。

步骤 18 ❶在"输入文字和效果描述"面板中输入相应的内容；❷单击"立即生成"按钮，如图10-76所示。

182

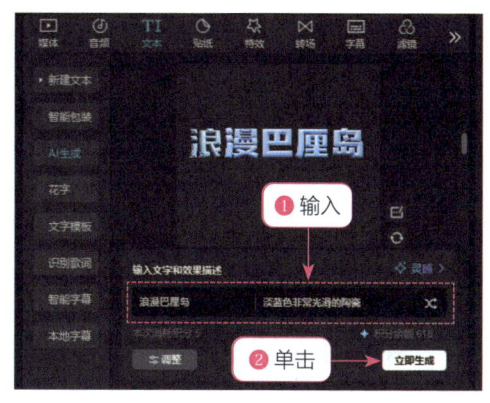

图 10-75 切换至"AI 生成"选项卡　　　图 10-76 输入文字和效果描述并生成文本

步骤 19 稍等片刻,即可生成一个文字效果,单击文字效果右下角的"应用"按钮,如图 10-77 所示,添加文字效果。

步骤 20 调整文字的时长,使其与第 1 段视频的时长保持一致,如图 10-78 所示。

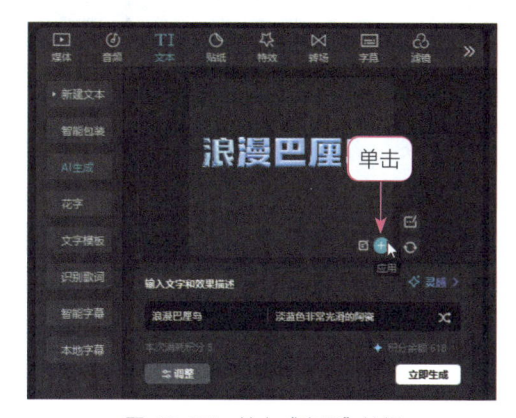

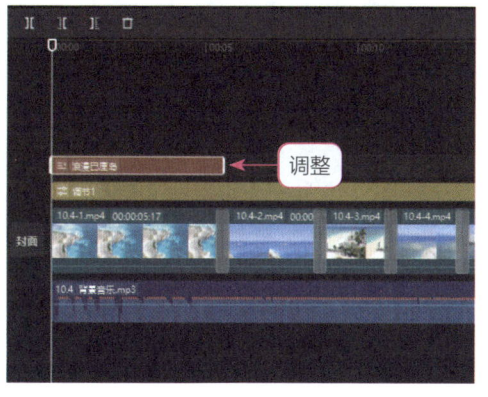

图 10-77 单击"应用"按钮　　　图 10-78 调整文字的时长

> **温馨提醒**
>
> 在使用 AI 生成文字效果时,不仅可以输入自定义描述词,还可以单击 按钮输入系统提供的随机描述词,或者直接使用灵感库中提供的模板。

步骤 21 在"播放器"面板中可以查看制作的文本效果,如图 10-79 所示。

步骤 22 将时间轴拖曳至文本的结束位置,如图 10-80 所示。

步骤 23 在"贴纸"功能区的 vlog 选项卡中单击云朵贴纸右下角的"添加到轨道"按钮,如图 10-81 所示。

步骤 24 执行操作后,即可添加一个云朵贴纸,调整贴纸的时长,使其与第 2 段视频的时长一致,如图 10-82 所示。

183

剪映视频剪辑/调色/字幕/配音/特效从入门到精通（手机版＋电脑版＋网页版）

图 10-79 查看制作的文本效果

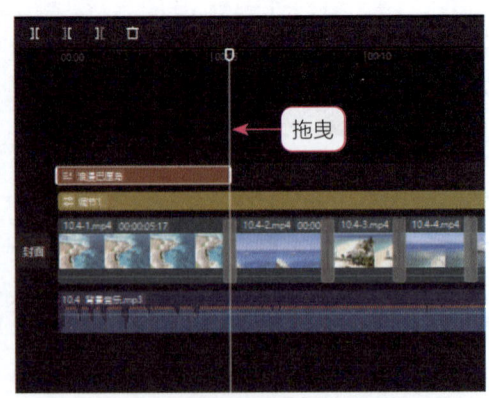

图 10-80 拖曳时间轴（2）

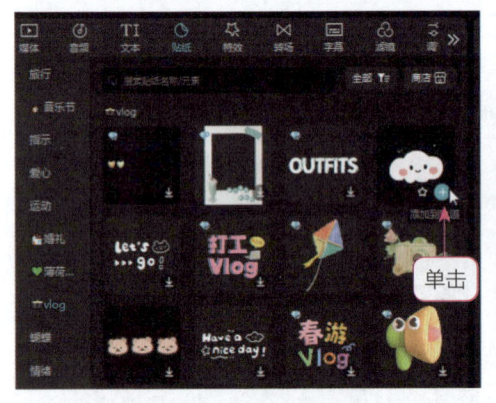

图 10-81 选择贴纸并添加到轨道中（1）

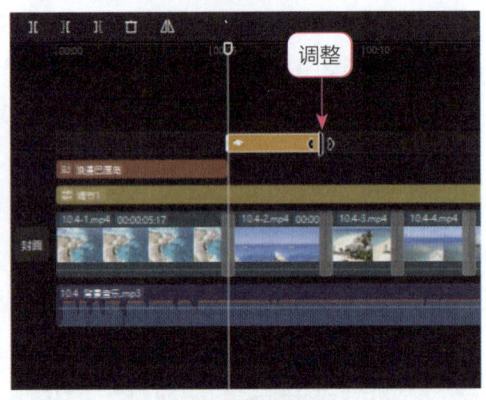

图 10-82 调整贴纸的时长（1）

步骤 25 在"播放器"面板中调整云朵贴纸的大小和位置，如图 10-83 所示。

步骤 26 在"贴纸"操作区中点亮"位置"右侧的关键帧◆，如图 10-84 所示，在贴纸的开始位置添加一个关键帧。

图 10-83 调整云朵贴纸的大小和位置

图 10-84 点亮"位置"右侧的关键帧

步骤 27 拖曳时间轴至 00:00:08:16 的位置，如图 10-85 所示。

184

步骤 28 在"贴纸"操作区中设置"位置"中的 X 参数为 –755，如图 10-86 所示，此时"位置"右侧的关键帧◇会自动点亮。

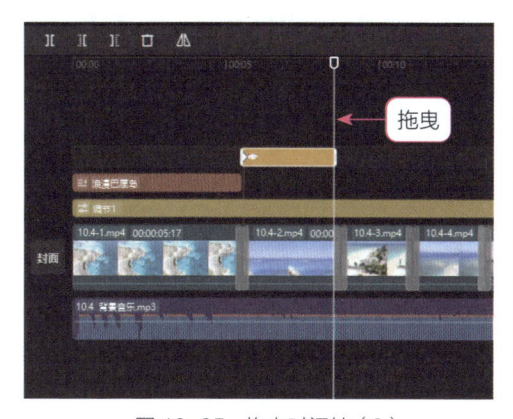

图 10-85　拖曳时间轴（3） 　　　　图 10-86　设置贴纸的"位置"参数

步骤 29 将时间轴拖曳至第 4 段视频的开始位置，在"贴纸"功能区的 vlog 选项卡中单击太阳贴纸右下角的"添加到轨道"按钮，如图 10-87 所示。

步骤 30 执行操作后，即可添加一个太阳贴纸，调整贴纸的时长，使其与第 4 段视频的时长一致，如图 10-88 所示。

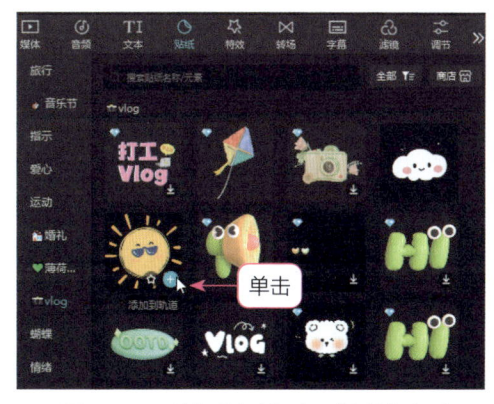

图 10-87　选择贴纸并添加到轨道中（2） 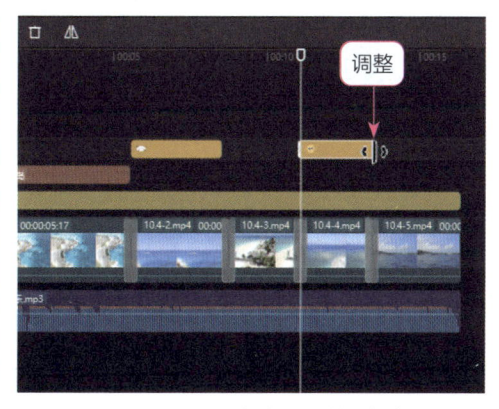　　　图 10-88　调整贴纸的时长（2）

步骤 31 将时间轴拖曳至第 5 段视频的开始位置，在"贴纸"功能区的"旅行"选项卡中单击所选文字贴纸右下角的"添加到轨道"按钮，如图 10-89 所示。

步骤 32 执行操作后，即可添加一个文字贴纸，调整贴纸的时长，使其与第 5 段视频的时长一致，如图 10-90 所示。

步骤 33 贴纸添加完成后，在"播放器"面板中分别调整两个贴纸的大小和位置，如图 10-91 所示。至此，完成"旅行大片"风光 Vlog 的制作。

185

图 10-89 选择贴纸并添加到轨道中（3）

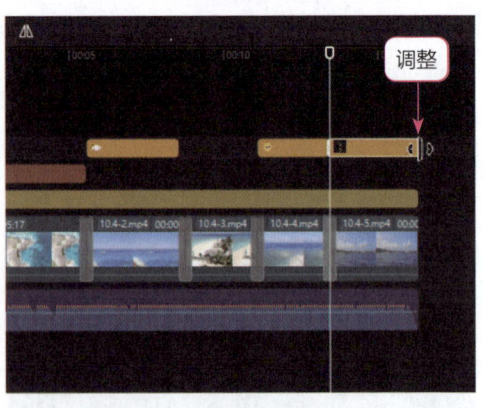

图 10-90 调整贴纸的时长（3）

图 10-91 调整两个贴纸的大小和位置

剪映

网页版

第11章
即梦 AI：图片与视频的智能生成

◼ **本章要点**

　　即梦是剪映旗下的一款网页版 AI 工具，它具有 AI 生成图片、生成视频的功能。在即梦 AI 平台中，"文生图""图生图""文生视频""图生视频"功能都依赖于先进的 AI 算法，包括深度学习和机器学习，它们允许用户以不同的方式创造图片或视频内容，为人们提供更加多样化的视觉体验。本章主要介绍在即梦 AI 中以文生图、以图生图、以文生视频、以图生视频的相关操作方法。

11.1 了解即梦 AI 工具

即梦 AI 是由字节跳动公司旗下的剪映推出的一款 AI 图片与视频创作工具，它以"一站式 AI 创意创作平台"为产品定位，旨在帮助用户轻松地将想法转化为高质量的图片和视频内容。

扫一扫，看视频　　用户只需提供简短的文本描述，即梦 AI 就能快速根据这些描述将创意和想法转化为图像或视频画面。这种方式极大地简化了创意内容的制作过程，让创作者能够将更多的精力投入创意和故事的构思中。

在即梦 AI 首页中，包括"AI 作图""AI 视频""AI 创作"等选项区，还有社区作品欣赏区域，如图 11-1 所示。

图 11-1　即梦 AI 首页

在即梦 AI 首页中，各选项区的含义如下。

（1）"AI 作图"选项区：在该选项区中，包括"图片生成"与"智能画布"两个按钮，单击相应的按钮，可以生成 AI 绘画作品。

（2）"AI 视频"选项区：在该选项区中，包括"视频生成"与"故事创作"两个按钮，单击相应的按钮，可以创作并生成 AI 视频作品。

（3）"AI 创作"选项区：在该选项区中，包括"资产""图片生成""智能画布""视频生成""故事创作"5 个选项。其中，"资产"选项可以用于查看已经生成的内容；另外 4 个相应的选项可以用于相应的 AI 创作。

189

（4）社区作品欣赏区域：在该区域中，包括"灵感"与"短片"两个选项卡，其中展示了其他用户所创作和分享的 AI 作品，单击相应作品可以放大预览，如图 11-2 所示。

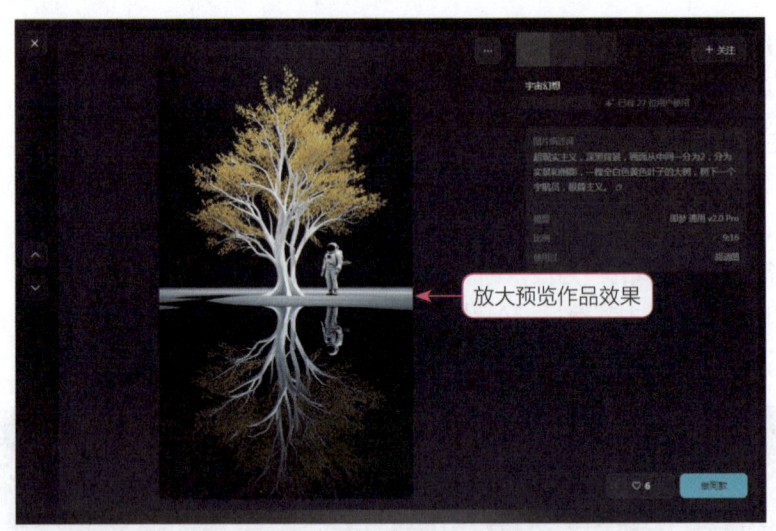

图 11-2　放大预览作品效果

单击"做同款"按钮，在弹出的面板中单击"立即生成"按钮，如图 11-3 所示，即可生成同款视觉效果。

图 11-3　单击"立即生成"按钮

即梦 AI 的"图片生成"页面是一个用户交互页面，它允许用户通过输入描述和调整参数来生成 AI 图片，主要包括以文生图、以图生图两种 AI 作图功能。在"图片生成"页面中，各主要功能如图 11-4 所示。

第 11 章 即梦 AI：图片与视频的智能生成

图 11-4 "图片生成"页面

在"图片生成"页面中，各主要功能含义如下。

（1）内容描述：用户可以在这里输入描述性文本，告诉 AI 模型想要生成的图片类型，这些描述包括场景、对象、风格和颜色等信息。

（2）导入参考图：单击该按钮，用户可以上传一张参考图片，帮助 AI 更好地理解用户想要生成的图片风格或内容。在上传参考图的过程中，会弹出"参考图"对话框，在其中可以选择想要参考的图片内容，如主体、人物长相、角色特征、边缘轮廓、景深及人物姿势等，如图 11-5 所示；单击对话框右侧的"生图比例 2∶3"按钮，如图 11-6 所示，在弹出的面板中可以设置图片的比例。

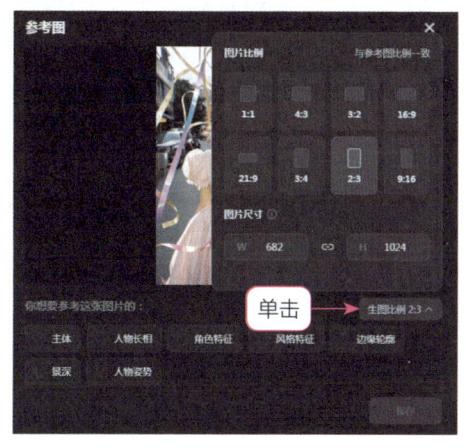

图 11-5 弹出"参考图"对话框　　　　图 11-6 单击"生图比例 2∶3"按钮

191

(3)模型：在"生图模型"列表框中可以选择不同的模型来生成图片，不同的模型擅长不同类型的图像生成，如图11-7所示。

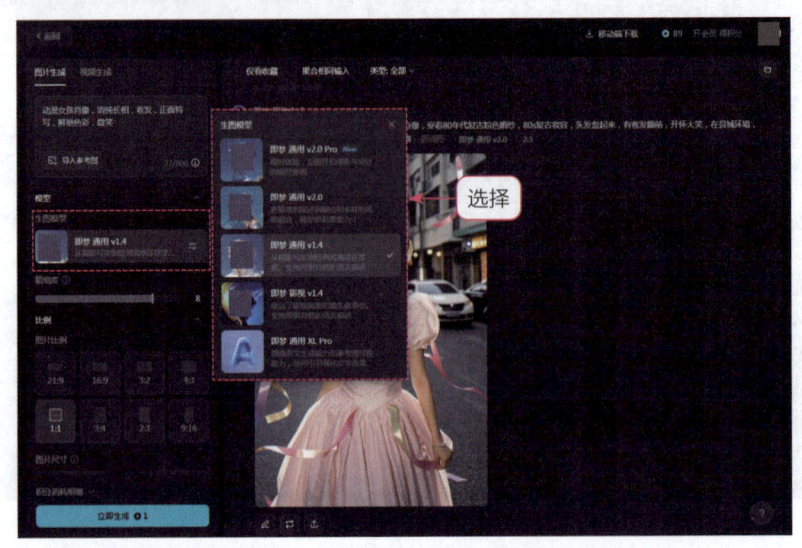

图11-7 选择不同的模型来生成图片

（4）精细度：拖曳"精细度"下方的滑块，可以调整生成图片的清晰度或细节水平，参数越低，生成的图片质量越低，生成图片的时间越快；参数越高，生成的图片质量越高，生成图片的时间越长，如图11-8所示。

（5）比例：在该选项区中，用户可以根据需要生成特定尺寸的图片，以满足不同场景的需求，包括21∶9、16∶9、3∶2、4∶3、1∶1、3∶4、2∶3、9∶16，如图11-9所示。

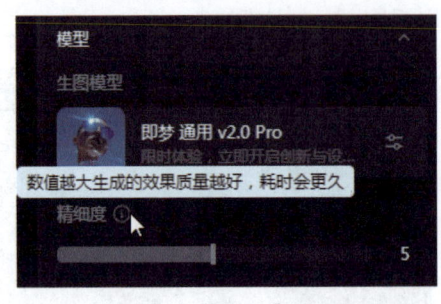

图11-8 "精细度"选项区　　图11-9 "比例"选项区

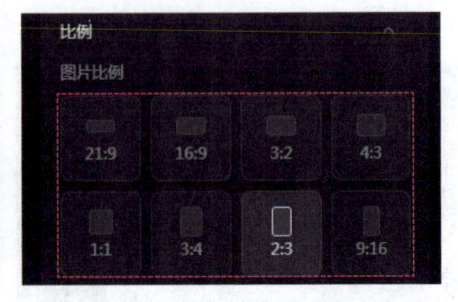

（6）立即生成：单击"立即生成"按钮，即可开始生成AI图片。

（7）效果欣赏：在"效果欣赏"区域中，可以查看即梦AI生成的AI作品。

即梦AI平台的"视频生成"页面允许用户利用AI生成相应的视频内容。"视频生成"页面如图11-10所示。其中主要包括"图片生视频"和"文本生视频"两种AI视频功能。

图 11-10 "视频生成"页面

在"视频生成"页面中,各主要功能含义如下。

(1)文本生视频:在"文本生视频"选项卡中,用户可以在文本框中输入一段描述性文本,如图 11-11 所示。AI 将根据这段文本生成相应的视频内容。

图 11-11 输入一段描述性文本

(2)图片生视频:单击该标签,切换至"图片生视频"选项卡,如图 11-12 所示,在其中用户可以进行以图生视频的相关操作。

图 11-12 切换至"图片生视频"选项卡

（3）上传图片：单击该按钮，弹出"打开"对话框，在其中可以上传一张图片，AI 模型将基于这张图片生成视频。

（4）运镜控制：在该列表框中，可以选择镜头的运动方式，如移动、旋转、摇镜及变焦等，如图 11-13 所示。

（5）运动速度：在该选项区中，可以设置视频的运动速度，如"慢速""适中""快速"等。

（6）基础设置：在该选项区中，包括模式选择、生成时长及视频比例 3 个部分，如图 11-14 所示。

图 11-13 "运镜控制"列表框　　图 11-14 "基础设置"选项区

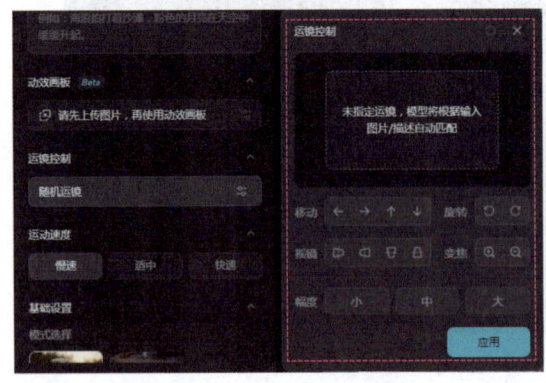

（7）效果欣赏：在"效果欣赏"区域中，可以查看即梦 AI 生成的 AI 视频效果。

第 11 章　即梦 AI：图片与视频的智能生成

> **温馨提醒**
>
> 需要用户注意的是，在"文本生视频"选项卡中可以选择视频的宽高比；在"图片生视频"选项卡中，AI 模型将根据图片的比例自动处理，暂不支持单独设置视频的宽高比。

11.2　使用即梦 AI 以文生图

"以文生图"技术是指根据给定的文本描述生成相应的图像。这种技术通常涉及自然语言处理和计算机视觉的结合，它能够将文本信息转换为视觉内容。

即梦 AI 强大的图像生成能力让许多人对这个领域充满无限遐想，特别是它的"以文生图"功能，只需通过简单的文本描述词即可生成精美的图像效果，这为用户的创作提供了极大的便利。下面主要介绍在即梦 AI 中以文生图进行 AI 绘画的操作方法。

扫一扫，看效果　　　　扫一扫，看视频

【效果展示】在即梦 AI 的"AI 作图"选项区中，通过"图片生成"功能，用户可以输入自定义的描述词并设置图片参数，让 AI 生成符合自己需求的图像效果，效果如图 11-15 所示。

图 11-15　"以文生图"效果展示

下面介绍使用即梦 AI 以文生图的操作方法。

步骤 01　在计算机中打开浏览器，输入即梦 AI 的官方网址，打开官方网站，然

剪映视频剪辑／调色／字幕／配音／特效从入门到精通（手机版＋电脑版＋网页版）

后在首页的右上角位置单击"登录"按钮，如图11-16所示。

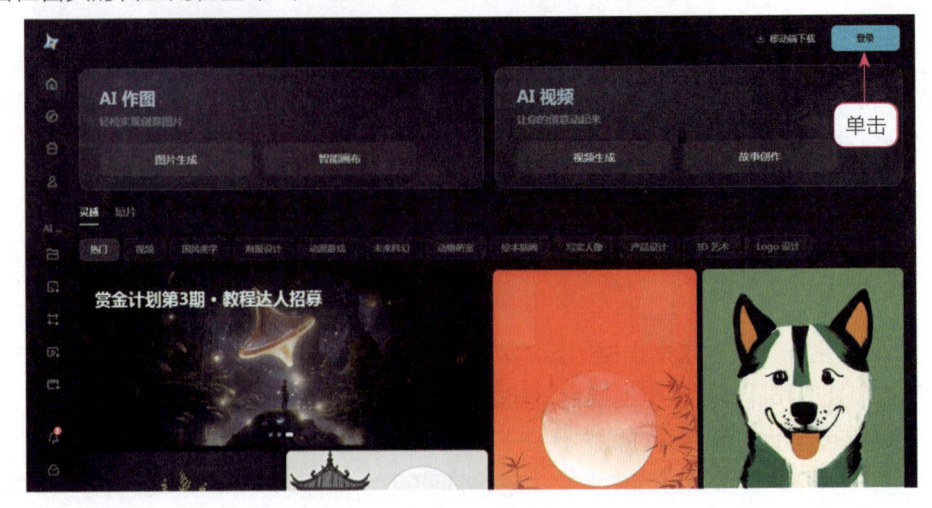

图11-16 单击"登录"按钮（1）

步骤 02 进入相应的页面，❶选中相关的协议复选框；❷单击"登录"按钮，如图11-17所示。

步骤 03 弹出"抖音"窗口，进入"扫码授权"选项卡，打开手机上的抖音App，然后用手机扫描选项卡中的二维码，如图11-18所示。

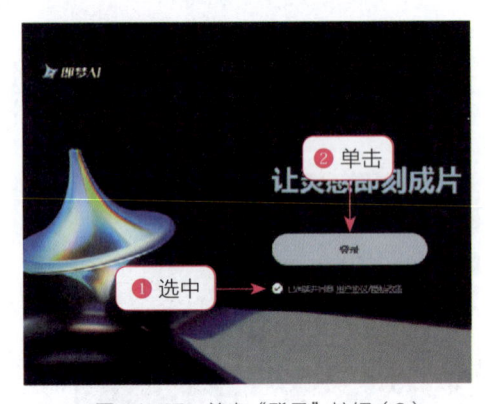

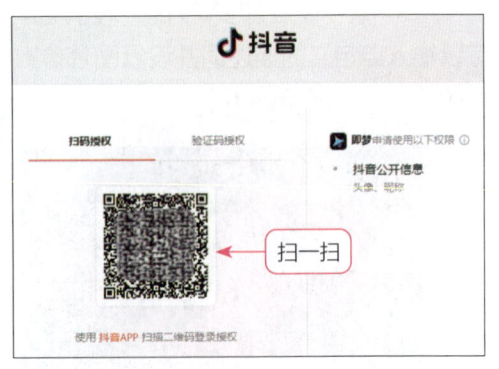

图11-17 单击"登录"按钮（2）　　图11-18 扫描选项卡中的二维码

步骤 04 执行操作后，在手机上同意授权，即可登录即梦AI账号，右上角显示了抖音账号的头像，表示登录成功，如图11-19所示。

➡ 温馨提醒

描述词又称提示词、关键词、输入词、指令等，网上大部分用户也将其称为"咒语"。用户在使用即梦AI创作的过程中，需要注意的是，即使是相同的描述词，即梦AI每次生成的图片或视频效果也会不一样。

196

第 11 章 即梦 AI：图片与视频的智能生成

图 11-19 右上角显示抖音账号的头像

步骤 05 在"AI 作图"选项区中单击"图片生成"按钮，如图 11-20 所示。

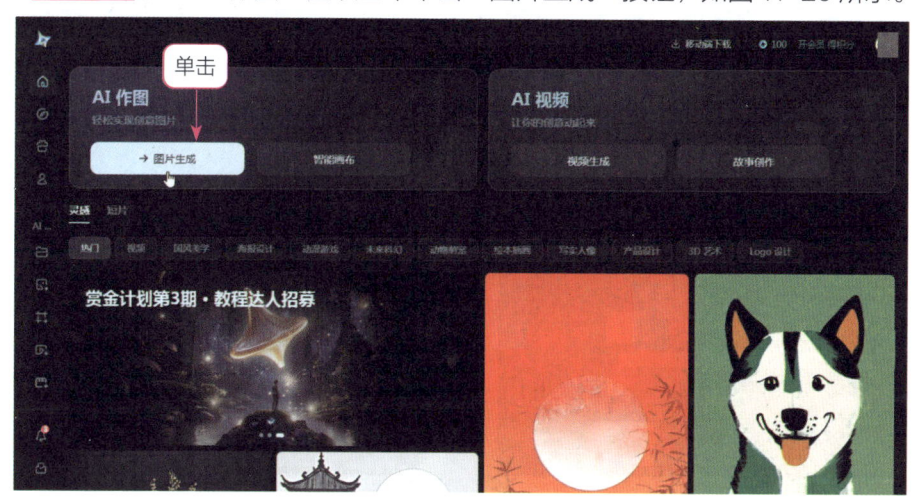

图 11-20 单击"图片生成"按钮

步骤 06 进入"图片生成"页面，在页面左上方的输入框中输入 AI 绘画的描述词，如图 11-21 所示。

步骤 07 在"模型"选项区中拖曳"精细度"下方的滑块，设置"精细度"参数为 8，提高效果的质量，如图 11-22 所示。

步骤 08 在"图片比例"选项区中，❶选择 1：1 选项；❷单击"立即生成"按钮，如图 11-23 所示。

步骤 09 稍等片刻，即可生成 4 张 1：1 尺寸的 AI 图片，如图 11-24 所示。

197

图 11-21 输入 AI 绘画的描述词

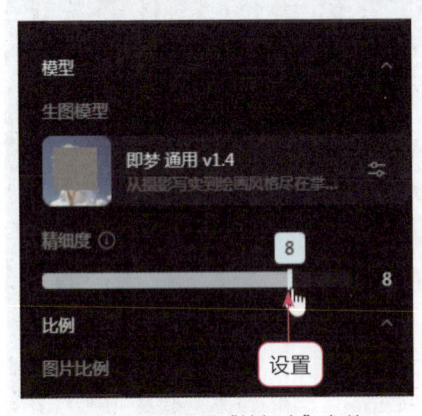

图 11-22 设置"精细度"参数

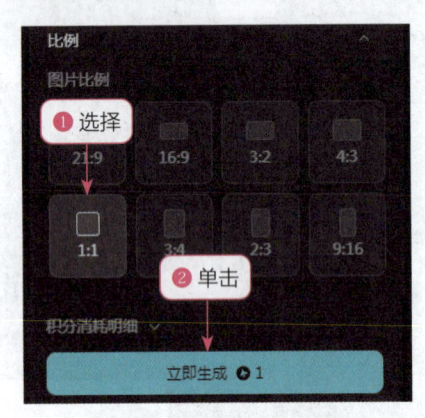

图 11-23 设置图片比例

图 11-24 生成 4 张相应的 AI 图片

第 11 章 即梦 AI：图片与视频的智能生成

> **温馨提醒**
>
> 在"图片生成"功能中，精细度是一个关键的生成参数，它直接影响到最终图像的清晰度和细节丰富度。通过增加精细度数值，AI 可以生成细节更丰富、更清晰的图像，但这种高质量的生成过程需要更多的计算资源和时间。
>
> 如果用户对生成的图片效果不满意，可以单击"重新生成"按钮，生成新的效果。

步骤 10 在第 1 张 AI 图片上单击"超清图"按钮 HD，如图 11-25 所示。

步骤 11 执行操作后，即可生成一张超清晰的 AI 图片，图片左上角显示了"超清图"字样，增加了图片的分辨率，提高了图片的质量，如图 11-26 所示。

图 11-25　单击"超清图"按钮　　　　图 11-26　生成一张超清晰的 AI 图片

步骤 12 在第 1 张图片上单击"下载"按钮，如图 11-27 所示。

图 11-27　单击"下载"按钮（1）

199

步骤 13 弹出"新建下载任务"对话框，❶ 设置名称与保存位置；❷ 单击"下载"按钮，如图11-28所示，即可下载自己喜欢的 AI 图片。

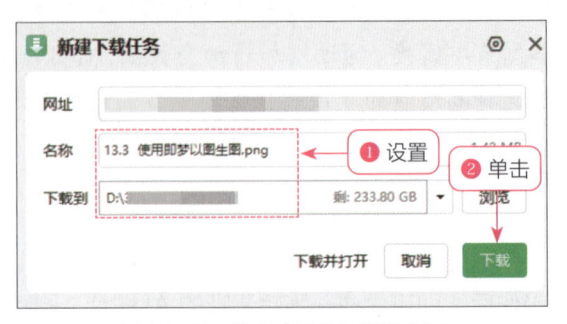

图 11-28 单击"下载"按钮（2）

11.3 使用即梦 AI 以图生图

在即梦 AI 平台中，"以图生图"技术允许用户上传一张参考图片，然后 AI 会基于这张图片的内容和风格来生成新的图片。这种技术结合了图片识别和风格迁移的算法，可以创造出与参考图在视觉风格上相似，但在内容上有所变化或创新的图像。下面主要介绍在即梦 AI 中以图生图进行 AI 绘画的操作方法。

扫一扫，看效果　　　　扫一扫，看视频

【效果对比】在即梦的"参考图"功能中，可以参考图片主体来生成 AI 图片。AI 首先会识别参考图片中的主要对象或视觉焦点，包括人物、动物或物体等，然后分析图片的风格和视觉特征，在生成新图片时，AI 会尝试保持图片中的主体内容不变，同时对背景或其他元素进行创意变化。原图与效果图对比如图 11-29 所示。

图 11-29 原图与效果图对比

下面介绍使用即梦 AI 以图生图的操作方法。

步骤 01 进入即梦的官网首页，在"AI 作图"选项区中单击"图片生成"按钮，进入"图片生成"页面，单击"导入参考图"按钮，如图 11-30 所示。

步骤 02 执行操作后，弹出"打开"对话框，❶ 选择需要上传的参考图；❷ 单击"打开"按钮，如图 11-31 所示。

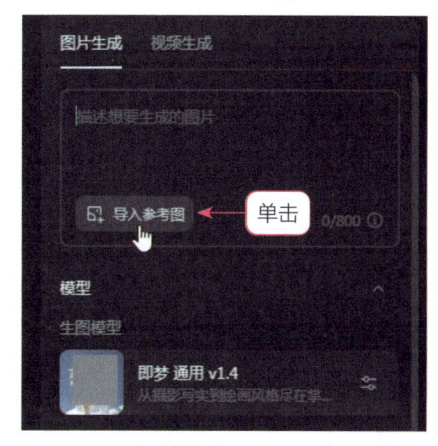

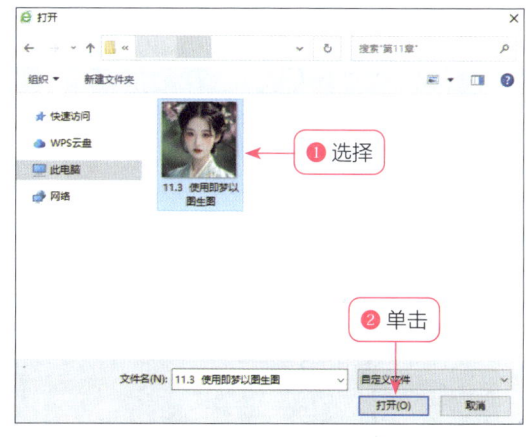

图 11-30　单击"导入参考图"按钮　　　图 11-31　单击"打开"按钮

步骤 03 弹出"参考图"对话框，如图 11-32 所示。

步骤 04 ❶ 选中"主体"单选按钮，AI 会自动识别参考图中的人物主体，并高亮显示人物主体；❷ 单击"保存"按钮，如图 11-33 所示，即可导入参考图。

图 11-32　弹出"参考图"对话框　　　图 11-33　选择参考内容后保存

步骤 05 执行上述操作后，返回"图片生成"页面，输入框中显示了已上传的参考图，输入相应的内容描述词，如图 11-34 所示。

步骤 06 单击"立即生成"按钮，如图 11-35 所示。

图 11-34 输入相应的内容描述词

图 11-35 单击"立即生成"按钮

步骤 07 稍等片刻，即可生成 4 张相应的 AI 图片，如图 11-36 所示。

图 11-36 生成 4 张相应的 AI 图片

温馨提醒

通过参考图生成 AI 图片时，AI 模型主要基于深度学习算法，尤其是卷积神经网络，它们能够理解和模拟复杂的图像特征。用户可以通过多次单击"立即生成"按钮，获得同一主体内容但风格略有差异的多个图片版本。

步骤 08 为了对第 1 张图片进行细节修复，将鼠标指针移动到第 1 张 AI 图片上，单击"细节修复"按钮，如图 11-37 所示。

步骤 09 执行操作后，即可对第 1 张 AI 图片进行细节修复，此时图片的细节更加清晰，如图 11-38 所示。

步骤 10 在第 4 张图片上单击"下载"按钮，如图 11-39 所示。

步骤 11 弹出"新建下载任务"对话框，❶设置名称与保存位置；❷单击"下载"按钮，如图 11-40 所示，即可下载自己喜欢的 AI 图片。

第 11 章 即梦 AI：图片与视频的智能生成

图 11-37 单击"细节修复"按钮　　　图 11-38 细节修复成功

图 11-39 单击"下载"按钮（1）　　　图 11-40 单击"下载"按钮（2）

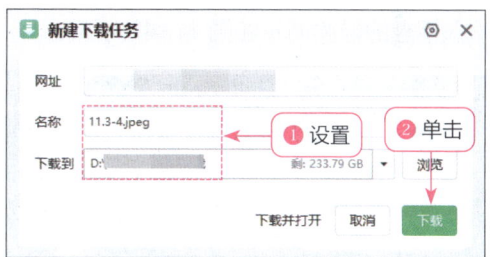

11.4 使用即梦 AI 以文生视频

即梦 AI 平台的"文生视频"功能以其简洁直观的操作界面和强大的 AI 算法，为用户提供了一种全新的视频创作体验。不同于传统的视频制作流程，用户无须精通视频编辑软件或拥有专业的视频制作技能，只需通过简单的文字描述，即可激发 AI 的创造力，生成一段引人入胜的视频内容。

扫一扫，看效果　　　　　　　　　扫一扫，看视频

【效果展示】用户在输入描述词时，应该尽量清晰、具体，可以输入主体、场景、动作及拍摄角度等信息，AI 将根据这些描述自动生成相应的视频内容，包括物体、背景和环境等，效果如图 11-41 所示。

203

图 11-41 "文生视频"效果展示

下面介绍使用即梦 AI 以文生视频的操作方法。

步骤 01 进入即梦的官网首页，在"AI 视频"选项区中单击"视频生成"按钮，如图 11-42 所示。

步骤 02 执行操作后，进入"视频生成"页面，❶切换至"文本生视频"选项卡；❷输入相应的描述词，如图 11-43 所示。

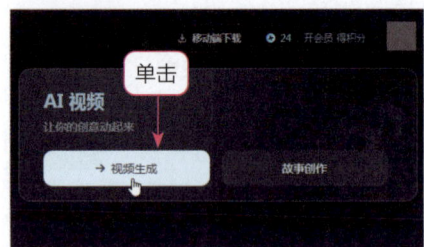

图 11-42 单击"视频生成"按钮

图 11-43 输入相应的描述词

步骤 03 在"运动速度"选项区中将"运动速度"调整为"慢速"，如图 11-44 所示。

步骤 04 ❶在"视频比例"选项区中选择 16∶9 比例；❷单击"生成视频"按钮，如图 11-45 所示。

图 11-44 将"运动速度"调整为"慢速"

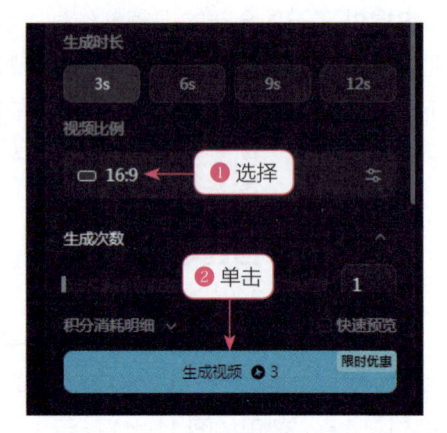

图 11-45 设置视频比例

步骤 05 稍等片刻，即可生成一段视频效果，将鼠标指针移至视频画面上，如图 11-46 所示，即可自动播放生成的视频效果。

步骤 06 单击视频效果右下角的"AI 配乐"按钮，如图 11-47 所示。

图 11-46　将鼠标指针移至视频画面上　　　图 11-47　单击"AI 配乐"按钮

步骤 07 弹出"AI 配乐"面板，单击"生成 AI 配乐"按钮，如图 11-48 所示。

步骤 08 稍等片刻，即可生成 3 段配乐，单击"配乐 2"按钮，如图 11-49 所示，为视频添加背景音乐。

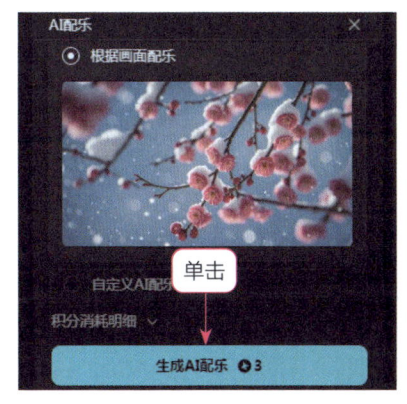

图 11-48　单击"生成 AI 配乐"按钮　　　图 11-49　单击"配乐 2"按钮

➡ 温馨提醒

在使用即梦 AI 生成图片或视频内容时，每次会消耗 1~3 个积分，难度越大，花费越多，等待的时间也越长。

步骤 09 单击视频效果右上角的"下载"按钮，如图 11-50 所示。

步骤 10 弹出"视频下载"的进度提示，如图 11-51 所示。

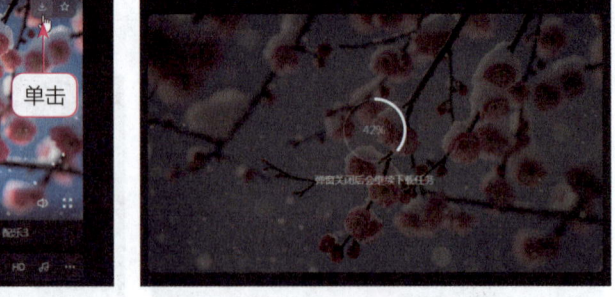

图 11-50 单击"下载"按钮（1）　　图 11-51 弹出"视频下载"的进度提示

步骤 11 稍等片刻，弹出"新建下载任务"对话框，❶ 设置名称与保存位置；❷ 单击"下载"按钮，如图 11-52 所示，即可下载视频。

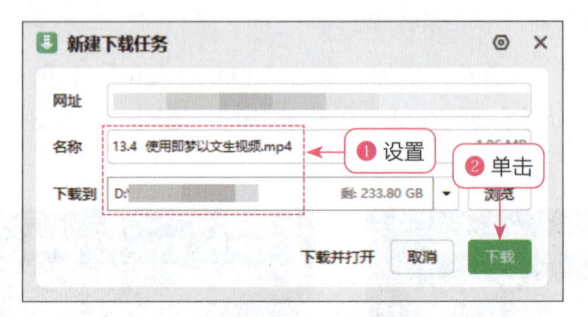

图 11-52 单击"下载"按钮（2）

11.5 使用即梦 AI 以图生视频

在即梦 AI 平台中，"图片生视频"技术是基于用户提供的一张或多张图片来生成视频。用户上传图片后，AI 将分析上传图片的内容、构图和风格，然后为静态图片添加动态效果，如运动、变化或动画。AI 还可以根据单张图片扩展场景，生成更丰富的视频内容。

扫一扫，看效果　　　　　　　　扫一扫，看视频

【效果展示】用户可以上传任何图片至即梦 AI 平台中，AI 模型会根据图片的内容生成动态效果，生成的视频风格与原始图片一致，确保视觉上的连贯性，效果如图 11-53 所示。

第 11 章 即梦 AI：图片与视频的智能生成

图 11-53 "图片生视频"效果展示

下面介绍使用即梦 AI 以图生视频的操作方法。

步骤 01 进入即梦的官网首页，在"AI 视频"选项区中单击"视频生成"按钮，进入"视频生成"页面，在"图片生视频"选项卡中单击"上传图片"按钮，如图 11-54 所示。

步骤 02 执行操作后，弹出"打开"对话框，❶ 选择需要上传的参考图；❷ 单击"打开"按钮，如图 11-55 所示。

图 11-54 单击"上传图片"按钮　　图 11-55 单击"打开"按钮

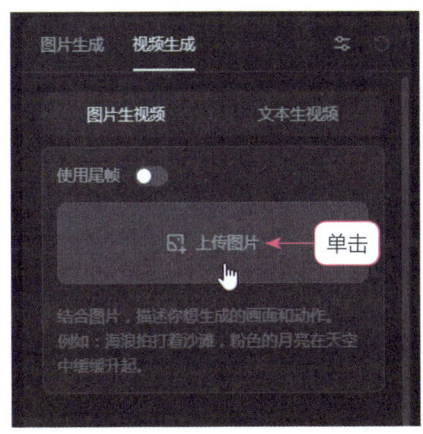

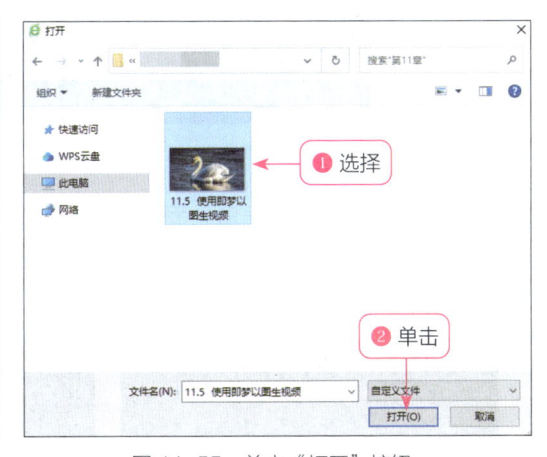

步骤 03 执行操作后，返回"视频生成"页面，输入框中显示了已上传的参考图，❶ 输入相应的内容描述词；❷ 单击"生成视频"按钮，如图 11-56 所示。

步骤 04 稍等片刻，即可生成一段视频效果，将鼠标指针移至视频画面上，如图 11-57 所示，即可自动播放生成的视频效果。

步骤 05 单击视频效果右下角的"AI 配乐"按钮，如图 11-58 所示。

207

图 11-56 输入描述词后单击生成视频

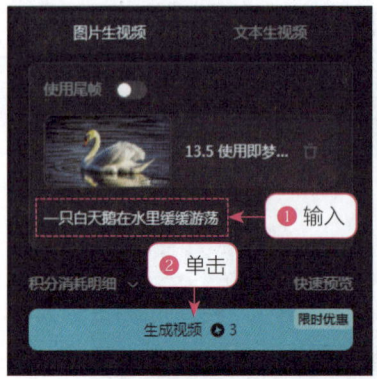

图 11-57 将鼠标指针移至视频画面上

图 11-58 单击"AI 配乐"按钮

步骤 06 弹出"AI 配乐"面板，单击"生成 AI 配乐"按钮，如图 11-59 所示。

步骤 07 稍等片刻，即可生成 3 段配乐，单击"配乐 1"按钮，如图 11-60 所示，为视频添加背景音乐。

图 11-59 单击"生成 AI 配乐"按钮

图 11-60 单击"配乐 1"按钮

步骤 08 单击视频效果右上角的"下载"按钮，如图 11-61 所示。

步骤 09 弹出"视频下载"的进度提示，如图 11-62 所示。

图 11-61 单击"下载"按钮（1）　　图 11-62 弹出"视频下载"的进度提示

步骤 10 稍等片刻，弹出"新建下载任务"对话框，❶ 设置名称与保存位置；❷ 单击"下载"按钮，如图 11-63 所示，即可下载视频。

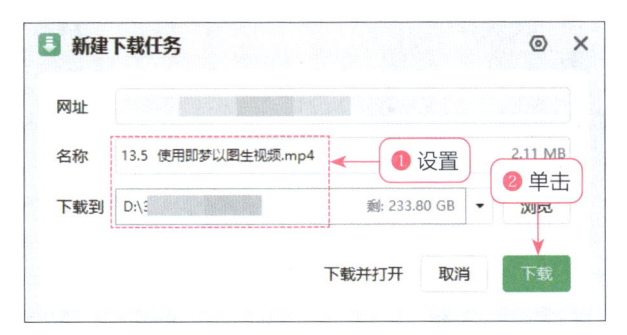

图 11-63 单击"下载"按钮（2）

第 12 章

综合应用：DeepSeek + 即梦 AI + 剪映智能协作

■ 本章要点

  AI 技术在创意领域的应用日益广泛，从文案生成到视频创作，再到后期剪辑，各环节紧密相连。本章将深入探讨 DeepSeek、即梦 AI 及剪映等工具，展示它们在创意表达上的协同力量，为用户提供前所未有的便利与创新可能，从而推动整个创意产业迈向新的高度。

12.1 实例：使用 DeepSeek 生成文案

借助 DeepSeek 的强大功能，用户能够轻松生成引人入胜的文案。DeepSeek 不仅可以理解文本深层含义，还能捕捉情感细微差别，让视频文案既能精准传达信息，又充满吸引力和感染力，为视频创作奠定坚实基础，具体操作方法如下。

扫一扫，看视频

步骤 01 打开 DeepSeek 手机版，进入"新对话"界面，点击界面下方的"深度思考（R1）"按钮，开启深度思考功能，开启后，该按钮会变成蓝色，如图 12-1 所示。

步骤 02 在提示词输入框中，输入相应的提示词，用于指导 DeepSeek 生成特定的内容，如图 12-2 所示。

图 12-1　点击"深度思考（R1）"按钮　　图 12-2　输入相应的提示词

步骤 03 点击 ● 按钮，即可将提示词发送给 DeepSeek，DeepSeek 会根据要求生成所需的内容，相关提示词和回复内容如下。

提示词

帮我生成 3 个关于风景图片的提示词

DeepSeek

当然！以下是 3 个适合生成风景图片的提示词，涵盖不同风格和场景。

（1）"晨曦中的雪山湖泊，倒映着金色阳光，薄雾缭绕，远处松林点缀，4K 超高清摄影"（适合自然风光，宁静而壮丽的场景）。

211

（2）"热带雨林瀑布，翠绿的藤蔓垂落，水流奔腾溅起水花，阳光透过树叶斑驳洒落，写实风格"（适合生机勃勃、充满动感的丛林景观）。

……

12.2 实例：使用剪映文生图

扫一扫，看效果　　　　扫一扫，看视频

【效果展示】剪映具有强大的"AI作图"功能，用户只需输入相应的提示词，系统就会根据描述内容，生成4张图片。借助这个功能，用户可以省去画图的时间，在剪映中实现一键作图，效果如图12-3所示。

图12-3　效果展示

下面介绍使用剪映进行文生图的操作方法。

步骤 01 登录并进入剪映手机版，在界面下方点击"AI图片编辑"按钮，如图12-4所示。

步骤 02 进入"AI图片编辑"界面，点击"AI作图"按钮，如图12-5所示。

步骤 03 进入相应的界面，❶在输入框中输入提示词；❷点击"立即生成"按钮，如图12-6所示。

步骤 04 稍等片刻，即可生成4张相应的图片，如图12-7所示。

图 12-4 点击"AI 图片编辑"按钮

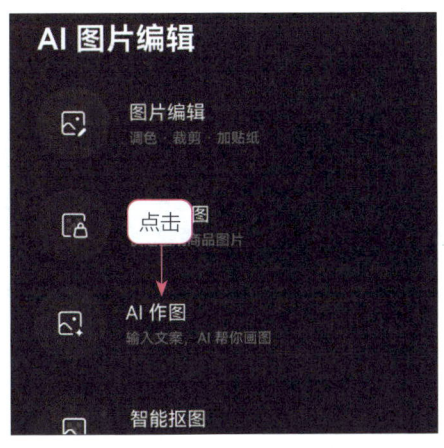

图 12-5 点击"AI 作图"按钮

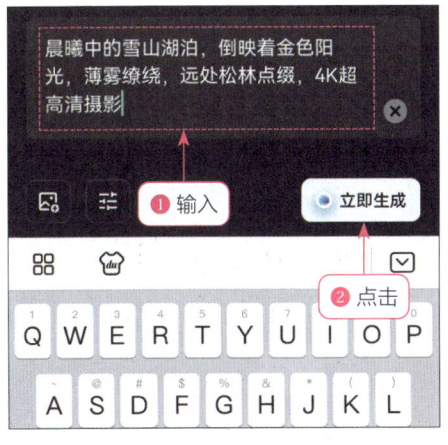

图 12-6 点击"立即生成"按钮

图 12-7 生成 4 张相应的图片

12.3 实例：使用即梦 AI 图生视频

扫一扫，看效果

扫一扫，看视频

【效果展示】在即梦 AI 中，"图片生视频"功能支持用户使用一张或两张图片生成视频。其中，使用一张图片生成视频就是常说的参考图模式，生成的效果如图 12-8 所示。

213

图 12-8 效果展示

下面介绍使用即梦 AI 进行图生成视频的操作方法。

步骤 01 打开即梦 AI 手机版，进入"想象"界面，点击界面左下角的 按钮，如图 12-9 所示。

步骤 02 弹出相应面板，点击"视频生成"按钮，如图 12-10 所示，切换到"视频生成"功能。

图 12-9 点击 按钮　　　　图 12-10 点击"视频生成"按钮

步骤 03 出相应面板，点击"添加"按钮，如图 12-11 所示。

步骤 04 进入"系统相册"界面，在其中选择一张图片，如图 12-12 所示，上传参考图。

步骤 05 图片上传成功，❶ 在输入框中输入提示词；❷ 点击"生成"按钮，如图 12-13 所示。

步骤 06 稍等片刻，即可生成一段视频，如图 12-14 所示。用户可以用同样的方式生成其他视频。

图 12-11 点击"添加"按钮

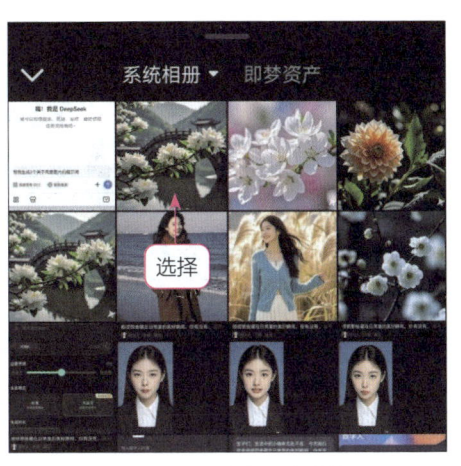

图 12-12 选择一张图片

图 12-13 点击"生成"按钮

图 12-14 生成一段视频

12.4 实例：使用剪映后期剪辑

扫一扫，看效果

扫一扫，看视频

【效果展示】剪映的后期剪辑是一款功能强大的视频编辑工具，它让视频创作变得更加轻松高效。从精细的画面调整到丰富的特效添加，再到动感的音乐搭配，助力用户打造出令人惊艳的视频作品，效果如图 12-15 所示。

215

图 12-15 效果展示

下面介绍使用剪映进行后期剪辑的操作方法。

步骤 01 在剪映手机版中导入制作好的 4 段视频素材，依次点击"文本"按钮和"新建文本"按钮，弹出相应的面板。❶在输入框中输入文字；❷在"字体"|"热门"选项卡中，选择一款合适的字体，如图 12-16 所示，改变文字字体。

步骤 02 ❶切换至"样式"选项卡；❷设置"字号"参数为 22，调整文字大小；❸点击 ✓ 按钮，如图 12-17 所示，确认操作。

图 12-16 选择一款合适的字体　　　图 12-17 设置字号

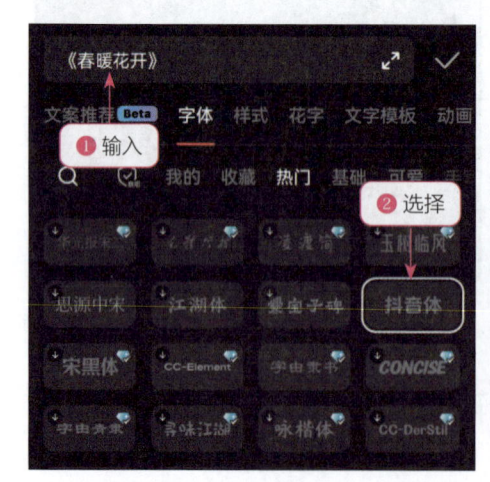

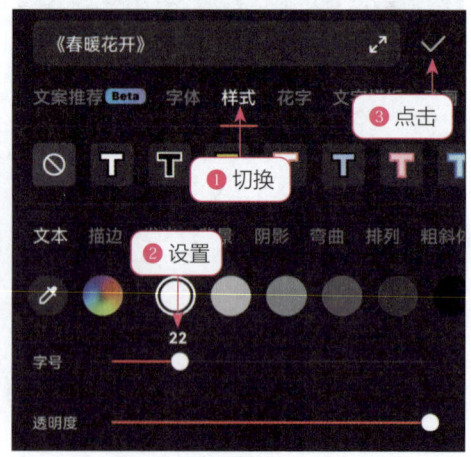

步骤 03 在预览区域中，调整文字的位置，如图 12-18 所示。

步骤 04 ❶点击"复制"按钮，复制文字；❷调整第 2 段文字的位置，使其在第 2 段视频下方；❸点击"编辑"按钮，如图 12-19 所示。

图12-18 调整文字的位置 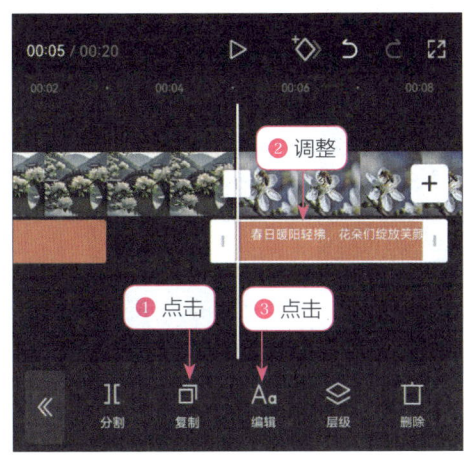　　　　图12-19 复制文字并调整位置

步骤 05 弹出相应的面板，❶修改文字内容；❷在预览区域中调整文字的大小和位置，如图12-20所示。

步骤 06 用与上面同样的方法，为后面两段视频添加文字，如图12-21所示。

图12-20 调整文字的大小和位置 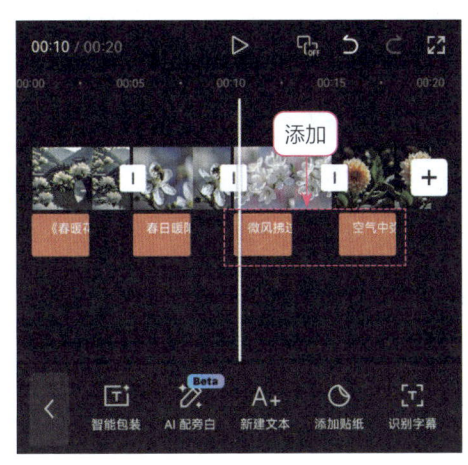　　图12-21 为后面的视频添加文字

步骤 07 ❶选择文字素材；❷点击"文本朗读"按钮，如图12-22所示。

步骤 08 进入"文本朗读"选项区，❶在"热门"选项卡中选择"小姐姐"选项；❷点击"应用到全部文本"按钮；❸点击✓按钮，如图12-23所示，改变视频文本的声音。

217

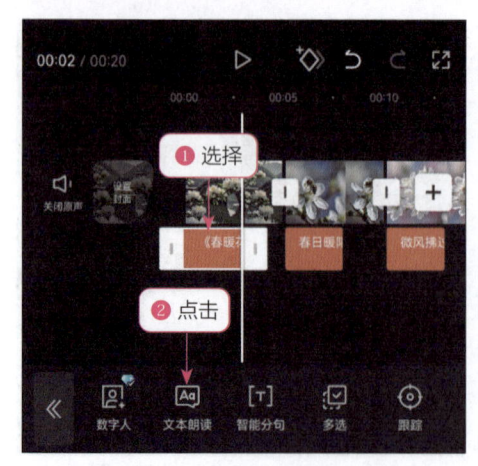

图12-22 点击"文本朗读"按钮

图12-23 改变视频文本的声音

步骤 09 点击第1段视频和第2段视频中间的"转场"按钮,如图12-24所示。

步骤 10 在"热门"选项卡中,❶选择"倒影"选项,添加转场效果;❷点击 按钮,如图12-25所示,确认操作。

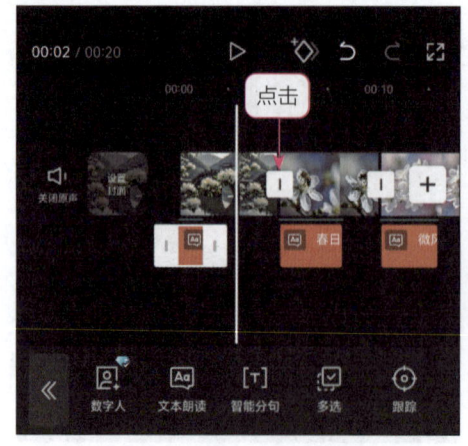

图12-24 点击"转场"按钮

图12-25 添加转场效果

步骤 11 用与上面同样的方法,为后面3段视频也添加转场效果,如图12-26所示。

步骤 12 回到一级工具栏,依次点击"音频"按钮和"音乐"按钮,进入"音乐"界面,❶选择一个合适的音乐;❷点击"使用"按钮,如图12-27所示。

步骤 13 将时间轴拖曳至视频末尾位置,❶选择音频;❷点击"分割"按钮,分割音频;❸点击"删除"按钮,如图12-28所示,删除多余的音频。

步骤 14 操作完成后,点击"导出"按钮,如图12-29所示,即可导出视频。

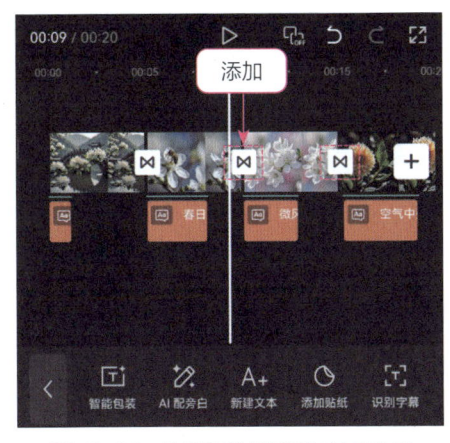

图 12-26　为后面的视频添加转场效果　　图 12-27　点击"使用"按钮

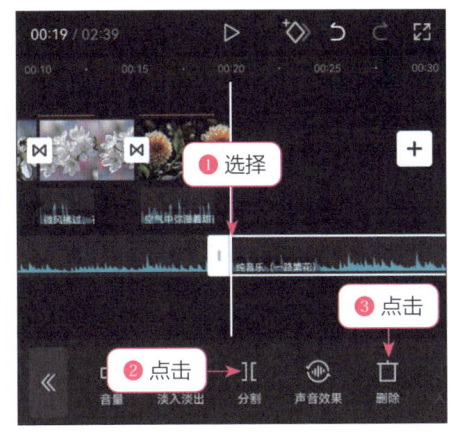

图 12-28　删除多余的音频　　图 12-29　导出视频

> **温馨提醒**
>
> 　　本章使用的是剪映手机版 15.7.0 版本，由于剪映的版本更新频繁，几乎每周都有更新，所以界面会发生变化，但是功能的用法都大致相同，读者学习制作思路即可。

219